4つのステップで考える力を伸ばす！

今すぐ始める中学受験

小2

算数

〇〇西村則康［監修］

〇〇辻義夫［著］

実務教育出版

はじめに

中学受験を見据えて

ちょっとがんばった、でも欲ばりすぎない問題集をめざしました。

近年、児童数の減少にもかかわらず、中学受験をする人数は増加傾向です。受験率は、首都圏で 15％を超え、東京都だけに限れば 20％を超えるという過熱ぶりです。

中学受験についての SNS も過熱しています。
・低学年のうちから進学塾に通っていないとついていけなくなる。
・塾に入れる前に、算数や国語の単科塾に行かせないと塾についていけない。
・塾に入れる前に、先取り学習をさせておかないと塾についていけない。
このような間違った情報に振り回されて右往左往されてしまっている親御さんが増えていることに危機感を覚えています。「何かをやらせていないと、他の子どもたちに追い抜かれてしまうのではないか」という恐怖心が、親御さんたちに蔓延しているように感じられて仕方がないのです。
でも、欲ばりすぎた先取り学習は、子どもの学習モチベーションを下げるだけではなく、間違った学習のやり方を身につけさせてしまうことが多いのです。解く手順だけをひたすら覚えるという、伸びる芽を摘んでしまうような学習習慣です。

書店には、極端な先取り学習のための問題集が数多く並んでいます。これらの問題集をこなしていける子どもたちは、決して多くはありません。日々子どもたちに接している私たちの肌感覚としては、やって効果が上がるのはせいぜい 5％。他の 95％の子どもたちには難しすぎたり早すぎたりすると感じます。

本格的な受験勉強が開始される 4 年生以降、学力を伸ばしていくのは先取りした知識の量ではありません。
①毎日決まった時間に勉強する習慣
②「読み書きそろばん（計算）」に代表される基礎学力
③新しいことを知ったときの楽しさを知っていること
この 3 つが整っていればどんどん伸びていくことができます。
①の学習時間については、小学 2 年生の場合、小学校の宿題以外に、算数と国語それぞれ20 分ずつ程度を目安にしてください。
②の基礎学力の算数部分については、既刊の『つまずきをなくす小 2 算数計算【改訂版】』や『つまずきをなくす小 2 算数文章題』（以上、実務教育出版）がご利用いただけます。
③の学習の楽しさを体験してもらうために、本書を作りました。子どもたちが、「ああ〜、なるほど！」と快感を持って理解できる問題集が必要だと考えたからです。

ちょっとだけ欲ばったレベルの学習は大切

　子どもたちは、苦しいことを長く続ける克己心は持っていません。ところが、「ちょっとがんばればなんとかなりそう」と感じることについては、ちゃんと努力することができます。しかも、そこに「あっ、わかった！」が含まれると、考えることが好きになっていきます。これが、考える力を高める秘訣です。

　本書は、先取りする単元は、該当学年の半年先までとしました。ちょっとがんばればわかるを経験してもらい、そのプロセスで、「わかった！」という楽しい経験を1つでも多くしてもらうためです。

子ども自身が見て・読んで、楽しさを感じられることが大切

　本書の作成にあたり、「小学2年生が読める解説」をめざしました。子どもたちが直感的に理解できるように図もふんだんに入れました。また、文字を大きめにしイラストをちりばめることで、「楽しそう」「僕（私）にもできそう」と感じてもらえることを意識しました。

少ない問題を丁寧に解く大切さ

　本書は、大量学習をめざすものではありません。1問1問じっくりと解き進め、解説を丁寧に読んでもらい、「なるほど、そうか！」と納得して進んでいっていただきたいのです。

おうちの方へのお願い

　本書は、中学受験をめざす子どもが学習の基盤を作るために、小学校の教科書準拠の問題集のレベルを軽々と超えるレベルで編集されています。解説は、子どもたちが読んで理解できるようにできる限りの工夫をしましたが、いきなり子どもに任せきりにするのではなくて、寄り添ってあげてほしいのです。

　問題文や解説を読んであげたり、子どもに音読をさせたりしてください。「なになに、これがわからないって？　だったら、ここを読んでごらん」「ここに○○○……と書いてあるけど、わかるかな。……わかった？　エライ！」というような会話です。

　「ここにちゃんと書いてあるでしょ！　なぜ読まないの！」というような叱咤激励型の寄り添いにならないように、くれぐれもご注意ください。

　まるつけは、おうちの方にお願いします。その際、声かけもお願いします。「正解できてエライ！」ではなく、「よく考えたからエライ！」とプロセスをほめることです。

　解説を読むのは、お子さんと一緒にお願いします。子どもが読んでわかる解説を心がけて書きましたが、最初はおうちの方と一緒にお願いします。

　本書の学習を通して、子どもたちがわかることの楽しさを経験し、その経験を積み重ねることで、中学受験に向かう盤石の学力の素地を作り上げていただけることを、心から願っています。

2023年9月　西村則康

学習のポイント

チャプター	テーマ	学習のポイント
No.1	たし算・ひき算の文章題	文章を読んで「何が問われているか」を理解すること、そしてそれを「テープ図」に表して考えるのがポイントです。
No.2	かけ算の文章題	同じ数を何回もたすことと、かけ算は同じということを理解することが大切です。九九の答えから式がすぐにわかるようにしておくこともポイントです。
No.3	図をかいて考える問題	「植木算」と呼ばれる文章題です。図を見て、自分で図をかいて「木の数と間の数」の関係を確認しながら考えていきましょう。
No.4	順序よく考える問題	「虫食い算」は、くり上がりやくり下がりに注意しながら筆算を完成させましょう。魔方陣など、すばやく試行錯誤することも、この章のテーマです。
No.5	調べる問題	「場合の数」と呼ばれる分野です。重なりやもれがないように、順序よく書き出すことが大きなテーマです。
No.6	きまりを見つける問題	規則性の問題は、まずは「いくつずつ増えているか」に注目することからです。カレンダーのしくみはご家庭でもお子さんと確認しておきましょう。
No.7	表とグラフの問題	正しく数えて、それを表やグラフに正しく書き写せるかを練習します。表を「縦に見る」「横に見る」といった視点も学びます。
No.8	時刻と時間	時刻と時間のしくみと違いを理解し、時間の計算を正確にできるように練習します。12時制、24時制の理解もポイントです。
No.9	長さ	m、cm、mmといった単位のしくみを理解すること、長さの計算を正しくできることが大きなポイントになります。
No.10	三角形と四角形	直角三角形、正三角形、正方形、長方形などの用語と、それぞれの形の特徴を理解することがテーマです。
No.11	はこの形	はこの形の立体に辺・面・頂点がいくつあるかを理解するのがポイントです。組み立てたらどんな形になるか、覚えるのではなく頭の中で組み立てる練習をしましょう。
No.12	かさ	L、dL、mLといった単位のしくみを理解し、「だいたいどのくらいの量なのか」という実感を持っておくことも重要ですね。

考える力をのばす問題	テーマ	学習のポイント
①	たし算・ひき算（条件の読み取り）	与えられた条件からたし算、ひき算のどちらを選んで計算するかを考える問題です。
②	かけ算（計算の工夫）	10倍より大きな数のかけ算を、工夫して計算する方法を学びます。
③	植木算（応用）	文章を読んだだけでは「植木算」ということがわかりにくい問題を、どのように考えるかがテーマです。
④	推理	与えられた条件から推理する問題を学習します。
⑤	調べる問題（図形づくり）	図形を使った「場合の数」です。点を結んで三角形を作ったときに、同じ形ができることに注意します。
⑥	きまりを見つける問題（応用）	「いくつずつ増えているか」を工夫して見つける問題に挑戦です。
⑦	表とグラフの問題（応用）	表に入る数字がわからない場合に、どのようにして考えることができるかを学びます。
⑧	時刻と時間（応用）	時計の針の重なり、文字盤のわからなくなった時計の問題です。中学受験でも頻出のテーマです。
⑨	長さ（応用）	「1ひろ」「1あた」という昔の長さのはかり方について学習します。
⑩	図形の個数	図形の中に隠れている三角形や四角形の個数を考えます。もれなく数えることができるでしょうか。
⑪	投影図	立体を真上、真横、真正面から見たときの「見え方」について学習します。
⑫	油分け算	決まった量の水をはかりとるため、先を予測しながら試行錯誤する練習です。

本書の構成とその使い方

本書は次のように、「例題・確認問題・練習問題・答えとせつめい・考える力をのばす問題」を１セットとする12のチャプターから構成されています。前から順にすべての問題に取り組むほかに、お子さんの学習状況に応じて、下のような３つの使い方もあります。

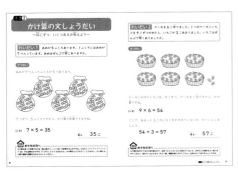

例題

チャプターで学ぶテーマが具体的な問題を通して学べます。

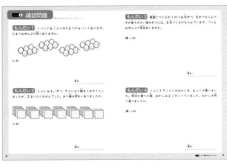

確認問題

例題で学んだことが理解できたかの確認ができます。

練習問題

テーマの内容が標準的な問題で練習できます（一部チャレンジ問題を含んでいます）。

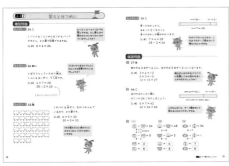

答えとせつめい

すぐに答え合わせができるように確認問題、練習問題のあとのページにあります。

考える力をのばす問題

チャプターのテーマの応用です（一部のチャプターを除きます）。

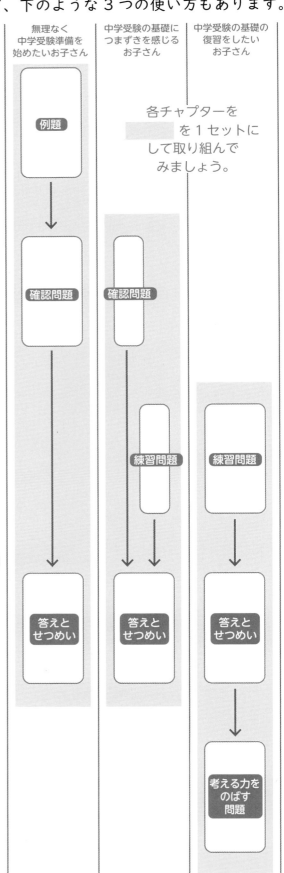

無理なく中学受験準備を始めたいお子さん

例題 → 確認問題 → 答えとせつめい

中学受験の基礎につまずきを感じるお子さん

確認問題 → 練習問題 → 答えとせつめい

中学受験の基礎の復習をしたいお子さん

各チャプターを　　　を１セットにして取り組んでみましょう。

練習問題 → 答えとせつめい → 考える力をのばす問題

4

今すぐ始める中学受験　小2　算数　目次

たし算・ひき算の文しょうだい

～テープ図をかいて考えよう～

れいだい 1 えんぴつが **30** 本ありました。子どもたちにくばったら、**7** 本のこりました。何本くばりましたか。

せつめい

ようすを図にあらわします。

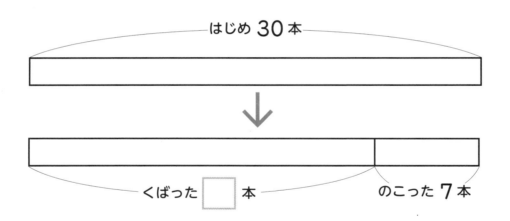

はじめの **30** 本から、のこった **7** 本を
ひくと、くばった本数がわかりますね。

【しき】 **30 − 7 = 23**

答え： **23** 本

 **おうちの方へ**

「わからない数を□にして、テープ図をかいて考えるとわかりやすくなるよ」とうながしてあげてください。

れいだい2 バスに人がのっています。つぎのていりゅうじょで 9 人のってきて、そのつぎのていりゅうじょで 8 人のってきたので、今は 25 人のっています。はじめにバスに何人のっていましたか。

せつめい

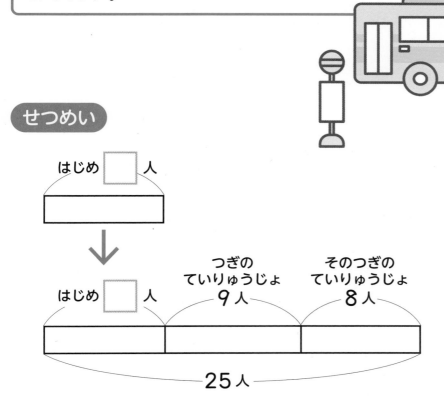

はじめ □ 人

はじめ □ 人　つぎの
ていりゅうじょ
9人　そのつぎの
ていりゅうじょ
8人

25人

はじめの人数に、のってきた 9 人と 8 人をたすと、25 人になりました。

【しき】　$25 - 8 = 17$
　　　　$17 - 9 = 8$

答え：　**8人**

 おうちの方へ

まずは、問題を正しく図に表せたらほめてあげましょう。

せつめい の 2 つの式がすらすらたてられたなら、1 つの式で計算できることも教えてあげましょう。

$25 - 9 - 8 = 8$　　答え：　8人

答えとせつめいは、11 ～ 12 ページ

もんだい 1

子どもが 12 人あそんでいます。そこへまた何人かあそびに来たので、ぜんぶで 21 人になりました。後から何人あそびに来ましたか。

【図】

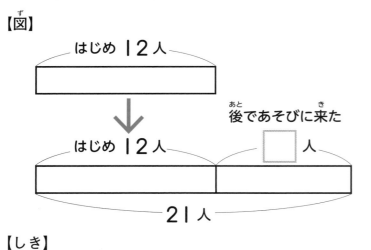

【しき】

答え：

もんだい 2

あめを 24 こもっていました。お母さんにいくつかもらったので、33 こになりました。お母さんにいくつもらいましたか。

【図】

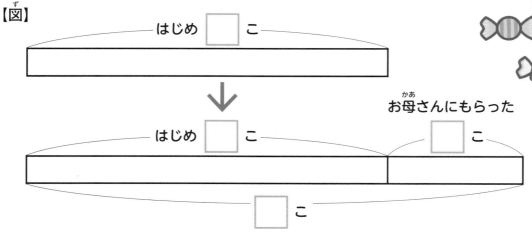

【しき】

答え：

もんだい 3

おかしを 15 こもっていましたが、友だちにいくつかあげると 7 このこりました。いくつあげましたか。

【図】

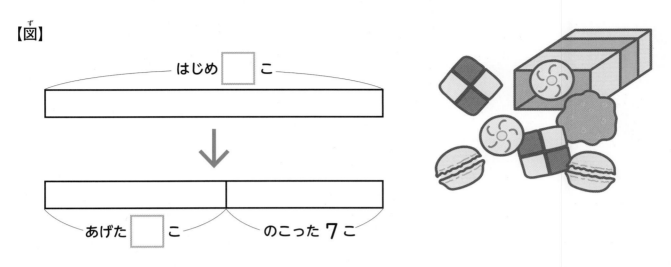

はじめ □ こ

↓

あげた □ こ　　のこった 7 こ

【しき】

答え：_____

もんだい 4

きのうはちゅう車場にバイクが 5 台とまっていましたが、今日はふえて 20 台になっていました。何台ふえましたか。

【図】

【しき】

答え：_____

答えとせつめいは、12ページ

1 公園で子どもがあそんでいましたが、7人ふえて、そのあと5人ふえたので17人になりました。

【図】
はじめ ☐ 人

はじめ ☐ 人 （　）（　）
（　）

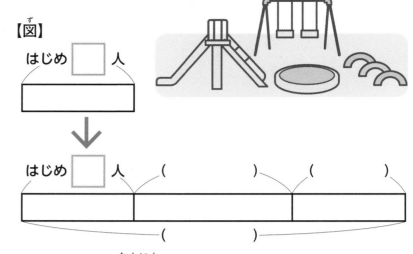

(1) 17人になったとき、はじめから何人ふえましたか。

【しき】

答え：＿＿＿＿＿＿＿＿＿＿＿

(2) はじめ何人あそんでいましたか。

【しき】

答え：＿＿＿＿＿＿＿＿＿＿＿

2 レストランに15人の行れつができています。後ろに6人がならんで、8人がレストランに入りました。

(1) 後ろに6人がならんで、8人がレストランに入ったら、行れつは、はじめから何人へりましたか。

【図】

【しき】

答え：＿＿＿＿＿＿＿＿＿＿＿

(2) 行れつは何人になりましたか。

【しき】

答え：＿＿＿＿＿＿＿＿＿＿＿

確認問題

もんだい1　9人

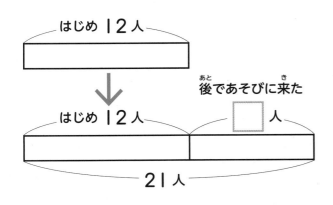

はじめ12人

後であそびに来た
□ 人

はじめ12人

21人

21人からはじめの12人を
ひくと、後であそびに来た子
どもの人数がわかりますね

【しき】　21 − 12 = 9

もんだい2　9こ

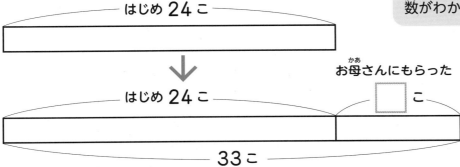

はじめ24こ

お母さんにもらった
□ こ

はじめ24こ

33こ

33こから、はじめの24こを
ひくと、お母さんにもらった
数がわかります

【しき】　33 − 24 = 9

もんだい3　8こ

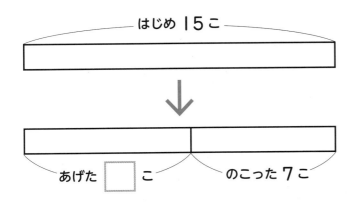

はじめ15こ

あげた □ こ　　のこった7こ

15こから、のこった7こを
ひくと、友だちにあげた数が
わかります

【しき】　15 − 7 = 8

もんだい4 15台

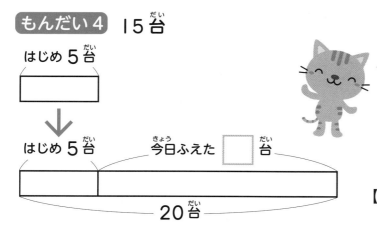

はじめ 5台

↓

はじめ 5台　　今日ふえた ☐ 台

20台

このような図がかけましたか？
20台から、はじめの5台をひく
と、今日ふえた数がわかります

【しき】 20 − 5 = 15

練習問題

1 （1）12人　　（2）5人

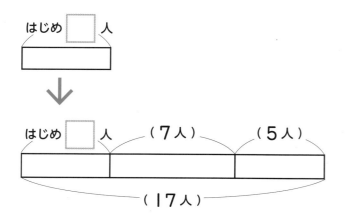

はじめ ☐ 人

↓

はじめ ☐ 人　　（7人）　　（5人）

（17人）

17人から、ふえた7人と
5人をひくと、はじめの人
数がわかります

（1）【しき】7 + 5 = 12
（2）【しき】17 − 12 = 5

---

2 （1）2人　　（2）13人

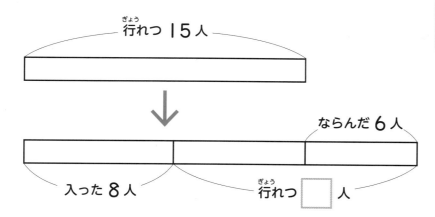

行れつ 15人

↓

ならんだ 6人

入った 8人　　　行れつ ☐ 人

むずかしいもんだいです。
レストランに入った8人はへり、
ならんだ6人はふえますね

（1）【しき】8 − 6 = 2
（2）【しき】15 − 2 = 13

考える力をのばす問題 ①

もんだい 1 数字の書かれたカードを、Aのはこに入れると、入れたカードの数字より、8大きい数字のカードが出てきます。Bのはこに入れると、入れたカードの数字より、5小さい数字のカードが出てきます。

れい

| 3 | → | A | → | 11 | → | B | → | 6 |
| | 入れる | | 出てくる | | 入れる | | 出てくる | |

(1) 5の数字が書かれたカードをAのはこに入れ、出てきたカードをBのはこに入れました。Bから出てきたカードをもういちどAのはこに入れると、出てきたカードの数字は何でしょう。

5 → A → □ → B → □ → A → ?

【しき】

答え:＿＿＿＿＿＿＿＿

(2) ある数字が書かれたカードをAのはこに入れ、出てきたカードをBのはこに入れると、13の数字が書かれたカードが出てきました。はじめにAのはこに入れたカードの数字は何でしょう。

? → A → □ → B → 13

【しき】

答え:＿＿＿＿＿＿＿＿

つぎのひっ算の同じ絵のところには、同じ数字が入ります。絵に入る数字を答えましょう。

(1)   (2)   (3)

小2① 答えとせつめい

 もんだい1 (1) 16　　(2) 10

(1) Aのはこに入れると8をたしたカード、Bのはこに入れると5をひいたカードが出てきます。

【しき】5 + 8 − 5 + 8 = 16

(2) はじめに入れたカードに書かれた数字が □ だとすると、

□ + 8 − 5 = 13　　となりますね。

【しき】13 + 5 = 18　　18 − 8 = 10

もんだい2 (1) 🐱 = ☐ 1

(2) 🐮 = ☐ 1

(3) 🐤 = ☐ 2

🐈 = ☐ 6

😮 = ☐ 7

🐵 = ☐ 9

🐷 = ☐ 4

(1)

```
      2 🐈  ⎫
   🐱 🐈    ⎬ 🐈 3つたして
 + 🐈 🐈    ⎭    一のくらいが 8 →6
 ─────────
 🐱  0  8       🐈 が 6 なので
 ─────────→     🐱 は 2 にはならない → 1
```

🐱 = ☐ 1

🐈 = ☐ 6

(2)

```
   😮 😮   ⎫
 + 🐷 😮   ⎬ 2つたして
 ─────────    一のくらいが 4
 🐮 2  4      → 2 か 7
              → 2 だと 🐷 が 0 になる
```

🐮 = ☐ 1

😮 = ☐ 7

🐷 = ☐ 4

$1+7+🐷=12$

↓

4

(3)

```
     5  8
 −  🐤 🐵    ⟶  4 か 9
 ─────────      4 だと 🐤 が同じ数に
 🐤 🐵          ならない
```

🐤 = ☐ 2

🐵 = ☐ 9

かけ算の文しょうだい

～何こずつ、いくつあるか考えよう～

れいだい1 あめが5ふくろあります。1ふくろにはあめが7つ入っています。あめはぜんぶで何こありますか。

せつめい

あめが7つ入ったふくろが5つあります。

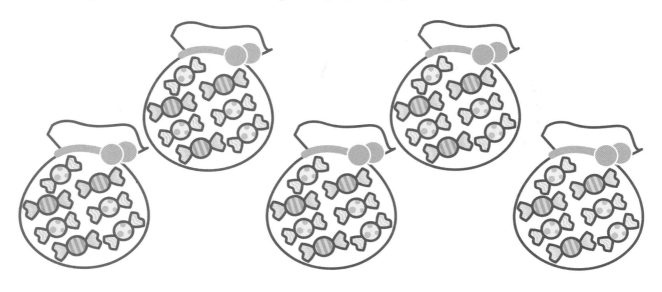

7つずつ、5ふくろですから、かけ算で計算できますね。

【しき】 7×5＝35

答え： 35こ

 おうちの方へ

かけ算を使って計算するのは「同じ数ずつ、いくつ分」を計算するときですね。もちろん「7＋7＋7＋7＋7＝35」でも正解なのですが「7つずつ、5ふくろ分だから、かけ算だとどうなる？」とうながし、たし算とかけ算の関係を理解させるようにしてください。

れいだい2

ケーキを 6 こ作りました。1 つのケーキにいちごを 9 こずつのせたら、いちごが 3 こあまりました。いちごはぜんぶで何こありましたか。

せつめい

ケーキにのせたいちごは、9 こずつ、ケーキ 6 こ分ですから、かけ算ですね。

【しき】　$9 × 6 = 54$

ここで、あまった 3 このいちごをわすれていないか、かくにんしましょう。

$$54 + 3 = 57$$

答え：　57 こ

🏠 **おうちの方へ**

かけ算の式をたてるのに気を取られて、あまった 3 このいちごを忘れていないか、お子さんの様子をよく見てあげてください。忘れているようなら「もう一度、問題を読んでみてごらん」と声かけしてあげるといいですね。

もんだい 1　1 パック 6 こ入りのたまごが 4 パックあります。たまごはぜんぶで何（なん）こありますか。

【しき】

答え（こた）：

もんだい 2　1 人に 4 まいずつ、7 人におり紙（がみ）をくばろうとしましたが、2 まいたりませんでした。おり紙（がみ）は何（なん）まいありましたか。

【しき】

答え（こた）：

もんだい3 教室につくえが１れつ６台ずつ、５れつならんで、その後ろのさい後のれつには、３台つくえがならんでいます。つくえはぜんぶで何台ありますか。

【図・しき】

答え: _____

もんだい4 １ふくろ７こ入りのおかしを、４ふくろ買いました。何日か食べた後、おかしは２このこっていました。おかしを何こ食べましたか。

【図・しき】

答え: _____

答えとせつめいは、23ページ

1　えんぴつを男の子には **3** 本ずつ、女の子には **5** 本ずつくばります。男の子は **4** 人、女の子は **3** 人います。えんぴつは、ぜんぶで何本いりますか。

【図・しき】

答え：

2　ピキくんがもっているおかしを、**6** 人の友だちに **7** こずつあげると、**24** このこりました。ピキくんがはじめにもっていたおかしは何こですか。

【図・しき】

答え：

3 つぎの計算の同じ絵のところには、同じ数字が入ります。絵がかかれたところに入る数字を答えましょう。

(1)

 ×  = 24

 −  = 5

 = ☐

 = ☐

(2)

 ×  = 48

 −  = 2

 = ☐

 = ☐

(3)

 ×  = 56

 −  = 1

 = ☐

 = ☐

確認問題

もんだい 1 24 こ

1 パック 6 こ入りのたまごが 4 パックですから、かけ算で計算できますね。

【しき】 6 × 4 = 24

6 + 6 + 6 + 6 = 24 でも同じですね。たし算とかけ算のかんけいをりかいできているでしょうか？

もんだい 2 26 まい

くばろうとしていたおり紙は、1 人に 4 まいずつ、7 人分です。

【しき】 4 × 7 = 28
　　　　 28 − 2 = 26 ←

2 まいたりなかったので

「2 まいたりませんでした」のところも計算できているでしょうか？

もんだい 3 33 台

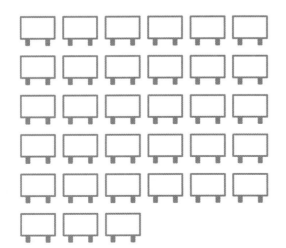

1 れつに 6 台ずつ、5 れつならんでいるので、かけ算です。

【しき】 6 × 5 = 30
　　　　 30 + 3 = 33

「その後ろのさい後のれつ」だから 30 に 3 をたせばいいですね

もんだい4 26こ

買ったおかしから、

あまった2こをひくと

食べたおかしの数がわかります。

【しき】 7 × 4 = 28

28 − 2 = 26

たべた26こ　　のこった2こ

かった 7×4=28

わかりづらいようなら、このようなテープ図をかいて考えてもいいですね

練習問題 ••

1 27本

男の子は3本ずつ4人に、女の子は5本ずつ3人にくばります。

【しき】 3 × 4 = 12

5 × 3 = 15

12 + 15 = 27

男の子と女の子をべつべつに計算してから合わせることができたでしょうか?

2 66こ

あげたおかしのこ数に

のこった24こをたしましょう。

【しき】 6 × 7 = 42

42 + 24 = 66

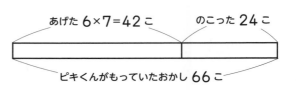

あげた 6×7=42こ　　のこった24こ

ピキくんがもっていたおかし 66こ

このもんだいも、テープ図をかいて考えるとわかりやすいですね

3 (1)

 ×  = 24

8 × 3

6 × 4 のどちらか

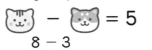 − = 5

8 − 3

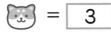 = 3

 = 8

(2)

× = 48

6 × 8

 −  = 2

8 − 6

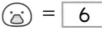 = 6

= 8

(3)

× = 56

8 × 7

− = 1

8 − 7

= 7

= 8

考える力をのばす問題 ②

もんだい 1 大きな数のかけ算を、くふうして計算しましょう。

(1) 6 × 13 ⇒ 「6 が □ こ」といういみだから、

(6 × 10) + (6 × □) = □ + □ = □

(2) 4 × 18 ⇒ 「2 × □ = 18」だから、

4 × 18 = 4 × 2 × □ = □ × □ = □

もんだい 2 にゃんたろうくんは、1回10円のくじをひきます。このくじは、当たるとマグロカードが5まい、はずれると2まいもらえます。

(1) にゃんたろうくんは、50円分くじをひき、3回当たって2回はずれました。マグロカードを何まいもらいましたか。

【しき】

答え：_____

(2) つぎの日、にゃんたろうくんは100円分くじをひいて、マグロカードを38まいもらいました。当たったくじは何回でしょうか。

【しき】

答え：_____

もんだい1

(1) 6×13⇒「6が 13 こ」といういみだから

(6×10)+(6× 3)= 60 + 18 = 78

(2) 4×18⇒「2× 9 =18」だから

4×18=4×2× 9 = 8 × 9 = 72

もんだい2 (1) 19まい　　(2) 6回

(1) 当たりが3回、はずれが2回ですね。

【しき】 5×3=15　　2×2=4　　15+4=19

(2) 100円分だと、10回くじがひけますね。当たった回数が10回

だったら、9回だったら……とひょうにしてみましょう。

当たり（回）	10	9	8	7	6	5	4	3
はずれ（回）	0	1	2	3	4	5	6	7
カード（まい）	50							

【しき】当たった回数が

10回のとき　5×10=50

9回のとき　　5×9=45　2×1=2　45+2=47

8回のとき　　5×8=40　2×2=4　40+4=44

7回のとき　　5×7=35　2×3=6　35+6=41

6回のとき　　5×6=30　2×4=8　30+8=38

図をかいて考えるもんだい

～植木算～木の数と間の数を考えよう～

れいだい 1 さくらの木が 6 本ならんで立っています。どの木も 7m ずつ間をあけて立っています。はしからはしまで、何m ありますか。

せつめい

ようすを図にあらわします。

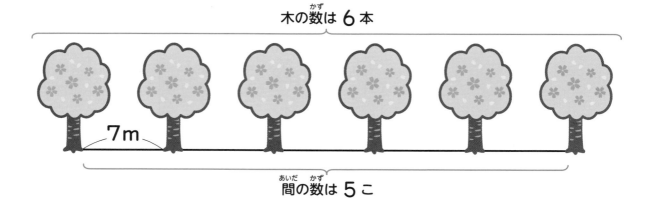

木の数は 6 本

7m

間の数は 5 こ

木の数は 6 本ですが、木と木の間の数は 5 こだとわかりますね。

【しき】 6 − 1 = 5
7 × 5 = 35

答え： **35m**

🏠 **おうちの方へ**

木の数と間の数をお子さんに実際に数えさせ「木の数よりも間の数が 1 少ない」ことを実感させることが重要です。木の数が 6 本以外の場合も書いて試してみましょう。なお、植木算では、木などの太さは考えないものとします。

れいだい2

丸い池のまわりに、7m おきにかきの木をうえると、ちょうど9本うえられました。池のまわりの長さは何mですか。

せつめい

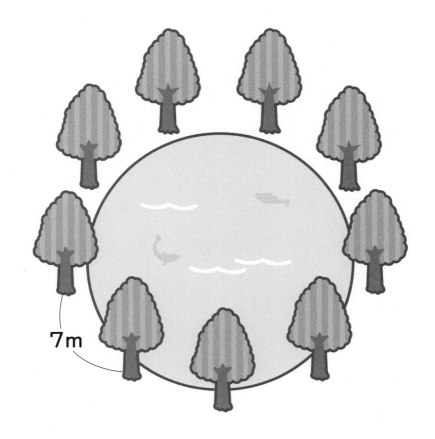

7m

池のまわりに木をうえると、木の数と間の数が同じになりますね。

【しき】 7×9＝63

答え： 63m

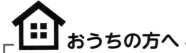

おうちの方へ

上手にかけなくてもかまわないので、まずはおうちの方が図をかき、お子さんにもかかせてみましょう。そのうえで「周りに植えたときは、木の数と間の数が同じになる」ということを自分なりに確かめられればいいですね。

もんだい1 川にそって、4m おきにさくらの木を 7 本うえます。1 本目の木から 7 本目の木までの間の長さは、何 m ですか。

【図】

木の数は（　　　）本

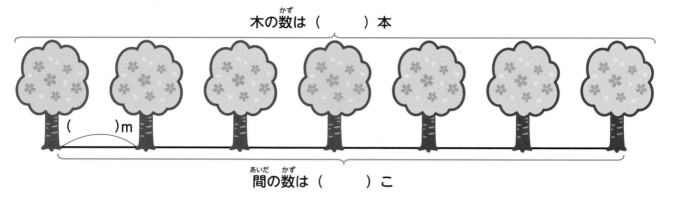

（　　）m

間の数は（　　　）こ

【しき】

答え：

もんだい2 丸いプールのまわりに、とびこみ台を 6m おきに作ると、ちょうど 5 こできました。プールのまわりの長さは何 m ですか。

【図】　　　　　　　　　　　　【しき】

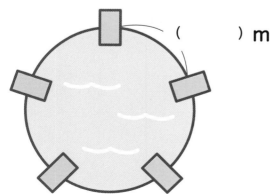

（　　　　　）m

答え：

もんだい3 3cm のあつさの本を 5 さつかさねています。それぞれの本と本の間（あいだ）に、あつさ 2cm のノートをはさむと、ぜんぶで何（なん）cm の高（たか）さになりましたか。

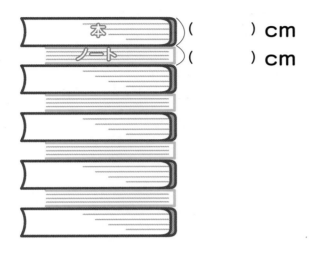

（　　　　）cm
（　　　　）cm

【しき】

答（こた）え：

もんだい4 トランプのカード 6 まいを丸（まる）くならべます。カードとカードの間（あいだ）に、おはじきを 2 こずつおくと、おはじきはぜんぶで何（なん）こになりますか。

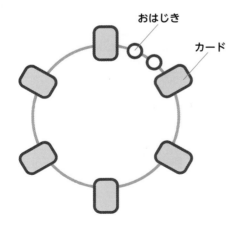

おはじき

カード

【しき】

答（こた）え：

答えとせつめいは、33 ページ

1 たての長さが 6cm、よこの長さが 4cm のタイルを、図のように たて、よこ、たて、よこ……とならべていきます。

(1) ぜんぶで 9 まいならべた図をかんせいさせましょう。

【図】

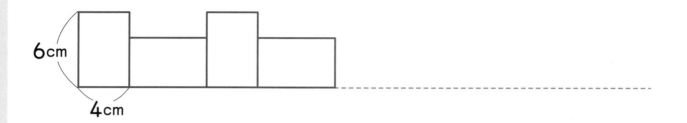

(2) ぜんぶで 9 まいならべると、はしからはしまで何 cm の長さに なりますか。

【しき】

答え：_____

2 １本の木のぼうを、はしから切っていきます。
１回切るのに３分かかります。

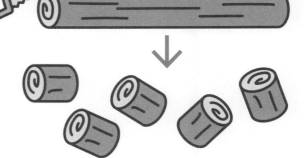

(1) ５本に切り分けるのに、切る回数は何回ですか。

【しき】

答え：＿＿＿＿＿＿＿＿＿＿

(2) ５本に切り分けるには、ぜんぶで何分かかりますか。

【しき】

答え：＿＿＿＿＿＿＿＿＿＿

確認問題

もんだい1　24m

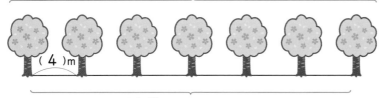

木の数は（ 7 ）本

（ 4 ）m

間の数は（ 6 ）こ

木の数が7本のとき、間の数は6こになることを、図をかいてたしかめましょう

【しき】　7－1＝6　　4×6＝24

もんだい2　30m

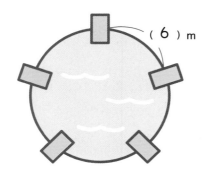

（ 6 ）m

とびこみ台の数と間の数が同じことを図をかいてたしかめましょう

【しき】　6×5＝30

もんだい3　23cm

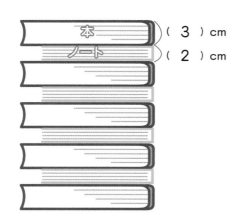

本（ 3 ）cm

ノート（ 2 ）cm

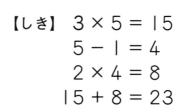

ノートは本と本の間にあるので、本が5さつだとノートは4さつですね

【しき】　3×5＝15
　　　　　5－1＝4
　　　　　2×4＝8
　　　　　15＋8＝23

もんだい4 12こ

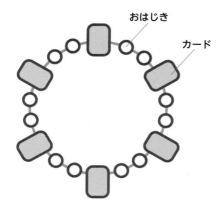

おはじき
カード

図のように、カードが6まいなら間の数も6つになりますね

【しき】 2 × 6 = 12

練習問題 ••••••••••••••••••••••••••••••••••••••

1 （1）下の図 （2）44cm

（1）【図】

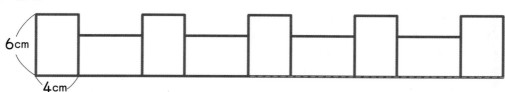

6cm

4cm

（2）【しき】 4 × 5 = 20
6 × 4 = 24
20 + 24 = 44

図から、4cmが5つ、6cmが4つだとわかります

2 （1）4回 （2）12分

① ② ③ ④
↓ ↓ ↓ ↓

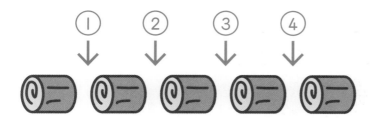

5本に切り分けるとき、切る回数は図のように4回になりますね

【しき】 （1）5 − 1 = 4
（2）3 × 4 = 12

考える力をのばす問題 ③

もんだい 1 はなれて立っている 2 本のさくらの木の間に、6 本のツツジの木をうえると、木と木の間がぜんぶ 6m になりました。2 本のさくらの木は何 m はなれていましたか。

【しきや考え方】

答え：_____

もんだい 2 1 本の木のぼうを、はしから切っていきます。1 回切るのに 5 分かかり、1 回切ったらつぎに切るまで 3 分休みます。7 本に切り分けるには、ぜんぶで何分かかりますか。

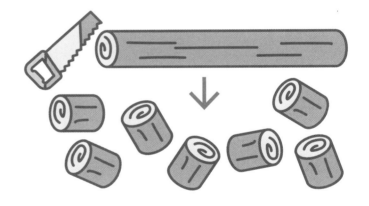

【しきや考え方】

答え：_____

もんだい3 ねこまるデパートのたてものは**8**かいだてで、上のかいに上がるのにエスカレーターをつかいます。**1**つ上のかいに上がるのに、**2**分かかります。**1**かいから**8**かいまで上がりながら、それぞれのかいで**10**分ずつ買いものをすると、買いものがぜんぶおわるまでに何時間何分かかりますか。

【しきや考え方】

答え:

もんだい1 42m

図をかいて考えてみましょう。

木の数はさくらを合わせて 8 本

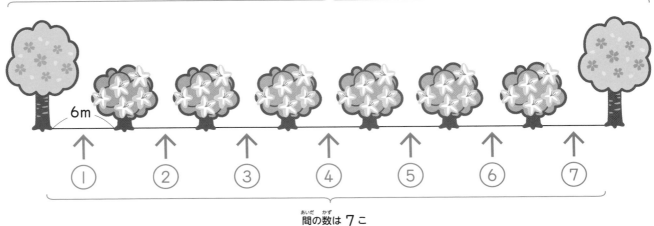

6m

① ② ③ ④ ⑤ ⑥ ⑦

間の数は 7 こ

【しき】 6 × 7 = 42

もんだい2 45分

7 つに切り分けるには、切る回数は 6 回ですね。またさい後の 1 回は休けいしなくていいので、休けいは 5 回です。

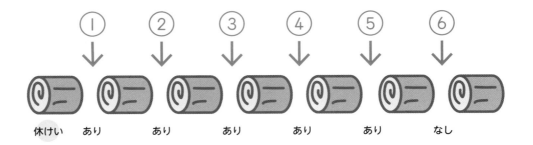

① ② ③ ④ ⑤ ⑥

休けい あり あり あり あり あり なし

【しき】 7 - 1 = 6   5 × 6 = 30
　　　　 3 × 5 = 15   30 + 15 = 45

8かいだてですから、買いものは10分ずつ8回ですが、エスカレーターにのる回数は7回です。

【しき】　10 × 8 = 80
　　　　　8 − | = 7
　　　　　2 × 7 = |4
　　　　　80 + |4 = 94
　　　　　94分 = |時間34分

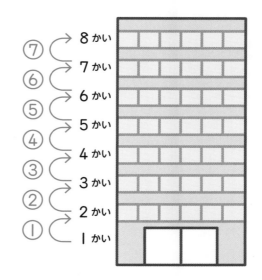

じゅんじょよく考えるもんだい

～もんだいからきまりを見つけよう～

れいだい 1　□ に数字を入れてひっ算をかんせいさせましょう。

(1)

```
  □ 5
+ 1 □
─────
  5 2
```

(2)

```
  6 □
+ □ 9
─────
  □ 5 1
```

(3)

```
  □ 4
- 3 □
─────
  5 8
```

せつめい　じゅんじょよく考えていきましょう。

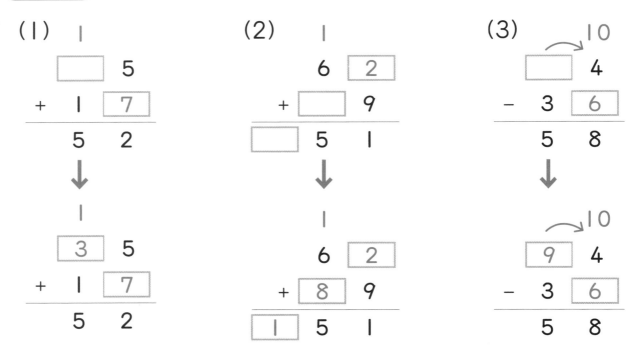

(1)
```
    1
  □ 5
+ 1 7
─────
  5 2
```
↓
```
    1
  3 5
+ 1 7
─────
  5 2
```

(2)
```
    1
  6 2
+ □ 9
─────
  □ 5 1
```
↓
```
    1
  6 2
+ 8 9
─────
  1 5 1
```

(3)
```
   ↗10
  □ 4
- 3 6
─────
  5 8
```
↓
```
   ↗10
  9 4
- 3 6
─────
  5 8
```

🏠 **おうちの方へ**

一の位から順序よく考えてみましょう。くり上がり、くり下がりにも注意できているか見てあげてください。

れいだい 2

数字の入った「タワー」があります。この「タワー」のしくみは、れい のように、下のだんの左右の数字をたした数字が上のだんに入っています。

れい

12

4	8

1	3	5

$\longrightarrow$

$4 + 8 = 12$

12

$1 + 3 = 4$ | 4 | 8 | $3 + 5 = 8$

1	3	5

下の「タワー」のあ、い、うに入る数字を書きましょう。

12

7	い

あ	3	う

答え： あ　　い　　う

せつめい

| 12 | $7 + い = 12$
|:--:|

$あ + 3 = 7$　| 7 | い |

| あ | 3 | う |

12

| 7 | 5 | $3 + う = 5$

| 4 | 3 | う |

わかるところから、じゅんじょよく計算していきましょう。

あ：$7 - 3 = 4$　　い：$12 - 7 = 5$　　う：$5 - 3 = 2$

答え： あ **4** い **5** う **2**

🏠 **おうちの方へ**

まず「あ」と「い」がわかり、「い」がわかったことで「う」も計算できますね。「わかるところから計算してごらん」と声をかけてあげましょう。

答えとせつめいは、43 〜 44 ページ

もんだい 1 □ に数字を入れてひっ算をかんせいさせましょう。

(1)
```
    2  □
 +  □  8
 ─────────
    6  3
```

(2)
```
    5  3
 +  □  9
 ─────────
    □  5  □
```

(3)
```
    □  6
 -  4  □
 ─────────
    4  7
```

もんだい 2 数字の入った「タワー」があります。この「タワー」のしくみは、れい のように、下のだんの左右の数字をたした数字が上のだんに入っています。

れい
```
      15
    7     8
  4    3    5
```
→
```
           15    7 + 8 = 15
4 + 3 = 7   7     8    3 + 5 = 8
         4    3    5
```

下の「タワー」のあ、い、うに入る数字を書きましょう。

```
      21
    13    い
  あ    3    う
```

答え： あ   い   う

もんだい3

もんだい2 の「タワー」のむきをぎゃくにした「タワー」です。つぎの ☐ に入る数字（すうじ）を書（か）きましょう。

(1)

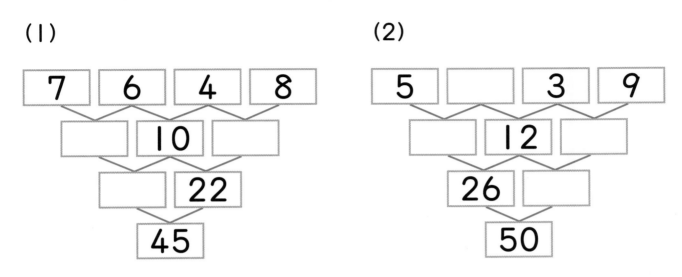

(2)

もんだい4

ます目のたて、よこ、ななめの合計（ごうけい）がぜんぶ同（おな）じになるように、数字（すうじ）を入れます。あ、い、う、え、お に入る数字（すうじ）を答（こた）えましょう。

2	い	4
あ	5	え
6	う	お

【しき】

答（こた）え： あ　　　い　　　う　　　え　　　お

答えとせつめいは、45ページ

1 ます目のたて、よこ、ななめの合計がぜんぶ同じになるように、数字を入れます。あ、い、う、えに入る数字を答えましょう。

8	い	6
3	う	え
あ	9	2

【しき】

答え： あ　　　い　　　う　　　え

2 図のたて、よこの1れつに1、2、3、4の数字が1つずつ入り、　　にも同じように1、2、3、4の数字が1つずつ入るように、あいているますに数字を入れましょう。

3		4	2
2			
			1
1	2		4

答えとせつめい

もんだい1

くり上がり、くり下がりに気をつけて、
じゅんじょよく計算しましょう。

このような計算を「虫食い算」といいます。くり上がり、くり下がりをついついわすれがちです

(1)
```
   1
 2 [5]
+[ ] 8
─────
 6   3
```
↓
```
   1
 2 [5]
+[3] 8
─────
 6   3
```

(2)
```
   1
 5 [3]
+[ ] 9
─────
[ ] 5 [2]
```
↓
```
   1
 5 [3]
+[9] 9
─────
[1] 5 [2]
```

(3)
```
      10
[  ]   6
-  4  [9]
─────
 4     7
```
↓
```
        10
[9]   6
-  4  [9]
─────
 4     7
```

もんだい2　あ 10　　い 8　　う 5

【おうちの方へ】
わかるところから計算するよううながしてあげましょう

```
      [21]  13＋い＝21
あ＋3＝13 [13] [い]
      [あ] [3] [う]
```

```
      [21]
      [13] [8]  3＋う＝8
      [10] [3] [う]
```

わかるところから、じゅんじょよく計算していきましょう。

あ：13－3＝10　　い：21－13＝8　　う：8－3＝5

上からじゅんに、左右の数をたしていきましょう。

(1)

7	6	4	8

13	10	12

$7 + 6 = 13$ $4 + 8 = 12$

23	22

$13 + 10 = 23$

45

上から下を計算するときは
たし算で、下から上を計算する
ときはひき算になりますね

(2)

$14 - 5 = 9$

5	9	3	9

14	12	12

$26 - 12 = 14$ $3 + 9 = 12$

26	24

50

$12 + 12 = 24$

もんだい4   あ7   い9   う1   え3   お8

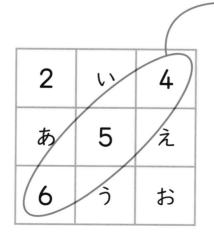

→ 1れつの合計

$4 + 5 + 6 = 15$

あ：$15 - (2 + 6) = 7$

い：$15 - (2 + 4) = 9$

う：$15 - (9 + 5) = 1$

え：$15 - (7 + 5) = 3$

お：$15 - (6 + 1) = 8$

1れつの合計が計算できる
ところがないか、さがすの
がポイントです

1 あ4　　い1　　う5　　え7

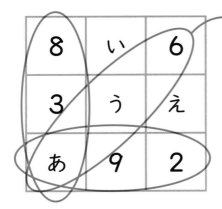

たて、よこ、ななめの合計が同じだから、

8 ＋ 3 ＝ 11　　6 ＋ う ＝ 11

う：11 － 6 ＝ 5

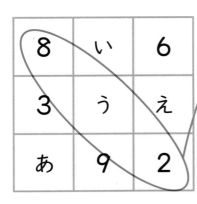

1 れつの合計

8 ＋ 5 ＋ 2 ＝ 15

あ：15 － （8 ＋ 3） ＝ 4
い：15 － （8 ＋ 6） ＝ 1
え：15 － （6 ＋ 2） ＝ 7

2

3	1	4	2
2			3
4			1
1	2	3	4

→

3	1	4	2
2	4	1	3
4	3	2	1
1	2	3	4

たて、よこのれつから
すぐにうめられるます
をうめていきます。

2 × 2 ますのぶぶんか
ら考えて、のこりのま
すをうめたらかんせい
です。

考える力をのばす問題 ④

もんだい1 ○、□、△、◇ は 1、2、3、4 の数字のどれ

かをあらわしています。つぎのヒントから、それぞれのきごうがあら

わす数字を答えましょう。

ヒント

$$\triangle + \diamondsuit = \bigcirc \qquad \square \times \square = \bigcirc \qquad \triangle < \diamondsuit$$

【しきや考え方】

答え： △ =　　　　□ =　　　　◇ =　　　　○ =

もんだい2 ピキくんたちがかけっこをしました。じゅんいに

ついて、4人が話しているのを読んで、4人のじゅんいを当ててみま

しょう。

ピキくん：ぼくは2いでも3いでもなかったよ。

めぐみさん：わたしはにゃんたろうくんだけにまけたよ。

にゃんたろうくん：ぼくは、かけ足くらいのスピードで走ったよ。

ひろこさん：わたしはピキくんにはまけなかったよ。

【考え方】

答え：
1い　　　　　　　　2い
3い　　　　　　　　4い

もんだい1   △ = 1   □ = 2   ◇ = 3   ○ = 4

□ × □ = ○ から、□ = 2、○ = 4 とわかりますね。

△ + ◇ = ○ から、△、◇ のどちらかが 1、どちらかが 3 とわかりますが、

△ < ◇ とあるので、△ = 1、◇ = 3 ときまりますね。

もんだい2

1 い にゃんたろうくん   2 い めぐみさん   3 い ひろこさん   4 い ピキくん

ピキくん   :「ぼくは 2 いでも 3 いでもなかった」⇒ 1 いか 4 い

ひろこさん :「ピキくんにはまけなかった」⇒ピキくんは 4 い

めぐみさん :「にゃんたろうくんだけにまけた」⇒にゃんたろうくんが 1 い、めぐ
           みさんは 2 い

しらべるもんだい

～場合の数～えらび方とならべ方～

れいだい1 りんご、みかん、バナナが１つずつあります。ピキくんとめぐみさんとにゃんたろうくんは、１つずつ３人で分けることにしました。

（1）ピキくんがりんごをえらぶと、めぐみさんとにゃんたろうくんのえらび方は、どうなるでしょう。（　　　　）にくだものの名前を書きましょう。

ピキくん	めぐみさん	にゃんたろうくん
りんご	みかん	（　　　　）
りんご	（　　　　）	（　　　　）

せつめい

ピキくんがりんご、めぐみさんがみかんをえらぶと、にゃんたろうくんはバナナになります。めぐみさんがバナナをえらぶと、どうなるでしょうか。

答え：

ピキくん	めぐみさん	にゃんたろうくん
りんご	みかん	（　バナナ　）
りんご	（　バナナ　）	（　みかん　）

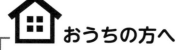 **おうちの方へ**

3人にそれぞれ、別のくだものが行き渡るように考えられているかを見てあげましょう。

(2) (1) のけっかを、図のようにあらわしました。ピキくんが
みかん、バナナをえらんだらどうなるか、同じように
（　　　　）にくだものの名前を書いてみましょう。

ピキくん	めぐみさん	にゃんたろうくん

りんご ─┬─ みかん ─────── バナナ
　　　　└─ バナナ ─────── みかん

みかん ─┬─ りんご ─────（　　　　　）
　　　　└─（　　　　）─（　　　　　）

バナナ ─┬─（　　　　）─── みかん
　　　　└─（　　　　）─（　　　　　）

せつめい

3人に、それぞれべつのくだものが行きわたるように、書いてみましょう。

答え：

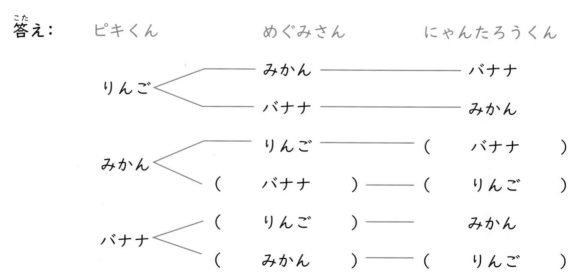

ピキくん	めぐみさん	にゃんたろうくん

りんご ─┬─ みかん ─────── バナナ
　　　　└─ バナナ ─────── みかん

みかん ─┬─ りんご ───（　バナナ　）
　　　　└─（　バナナ　）──（　りんご　）

バナナ ─┬─（　りんご　）─── みかん
　　　　└─（　みかん　）──（　りんご　）

🏠 **おうちの方へ**

ぬけもれなく、重複なく書き出す練習です。高学年になっても必要な力です。じっくり、しっかり取り組んでみましょう。

答えとせつめいは、54 ～ 55 ページ

もんだい1 れい子さん、まゆみさん、ひろ子さんの3人が、リレーで走るじゅん番をきめます。どんなじゅん番があるか、（　　　）に名前を書きましょう。

答え：　1番目　　　　　　　　　　　　2番目　　　　　　　　　　　3番目

れい子さん ┬── まゆみさん ─── （　　　　　）
　　　　　　└── （　　　　　）─── （　　　　　）

まゆみさん ┬── （　　　　　）─── （　　　　　）
　　　　　　└── ひろ子さん ─── （　　　　　）

（　　　　　）┬── （　　　　　）──── まゆみさん
　　　　　　　└── （　　　　　）─── （　　　　　）

もんだい2 1、2、3 の3まいのカードをならべて、数字をつくります。

(1) できる数字のうち、いちばん大きい数字は何ですか。

答え：＿＿＿＿＿＿＿＿＿

(2) できる数字のうち、いちばん小さい数字は何ですか。

答え：＿＿＿＿＿＿＿＿＿

もんだい3 　0、1、2 の3まいのカードをならべて、数字をつくります。

（1）どんな数字ができるか、□に数字を書きましょう。

答え：

百のくらい	十のくらい	一のくらい

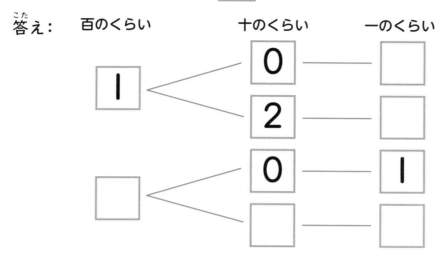

```
百のくらい        十のくらい        一のくらい

   1   ＜   0 ——— □
            2 ——— □

   □   ＜   0 ——— 1
            □ ——— □
```

（2）いちばん大きい数は、いちばん小さい数よりどれだけ大きいですか。

【しき】

答え：_____

もんだい4 　赤・黒・白のおはじきが1つずつあります。左からじゅんにならべると、どうなりますか。（　　　）に色を書きましょう。

答え：

```
         左              まん中              右

   赤   ＜  （    ）——— 白
            （    ）——（    ）

   黒   ＜  赤 ———（    ）
            （    ）——（    ）

 （    ）＜  （    ）——— 黒
            （    ）——（    ）
```

小2⑤ 練習問題

答えとせつめいは、55ページ

1 [0]、[1]、[2]、[2]、[8]、[9] の6まいのカードをつかって数字を作ります。

(1) 3まいのカードをならべて、数字を作ります。いちばん小さい数は何でしょう。

答え：

(2) 2まいのカードをならべて、100にいちばん近い数を作りましょう。

答え：

(3) 200にいちばん近い数を作りましょう。

答え：

(4) [2]、[2]、[8] の3まいのカードをならべてできる数を、ぜんぶ書きましょう。

答え：

2 あるレストランでは、デザートがケーキ、プリン、チョコレート、フルーツから **2** つえらべます。

(1) どんなえらび方があるか、書き出してみましょう。

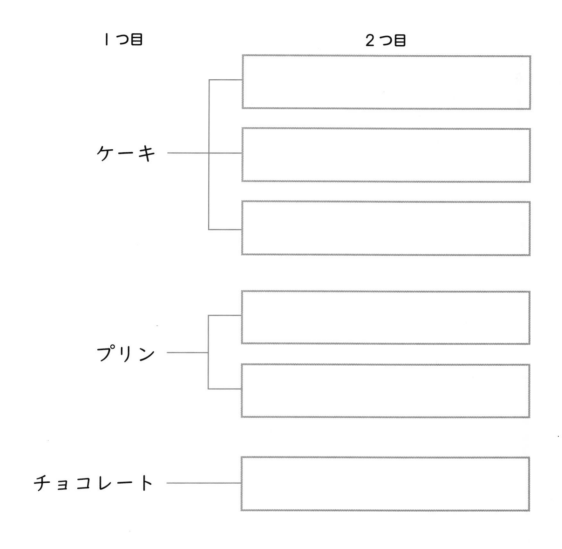

1つ目	2つ目
ケーキ	
プリン	
チョコレート	

(2) えらび方はぜんぶで何通りありますか。

答え: _____

確認問題

もんだい1

1番目	2番目	3番目

れい子さん
　── まゆみさん ──（　ひろ子さん　）
　──（　ひろ子さん　）──（　まゆみさん　）

まゆみさん
　──（　れい子さん　）──（　ひろ子さん　）
　── ひろ子さん ──（　れい子さん　）

（　ひろ子さん　）
　──（　れい子さん　）── まゆみさん
　──（　まゆみさん　）──（　れい子さん　）

ぬけもれや同じものがないよう、じっくりおちついて数えましょう

もんだい2　（1）321　　（2）123

（1）百のくらいから、大きい数字からじゅんにならべましょう。

（2）百のくらいから、小さい数字からじゅんにならべましょう。

どのようにならべたら大きい数字、小さい数字になるのかをじっくり考えましょう

もんだい3　（1）下の図　　（2）108

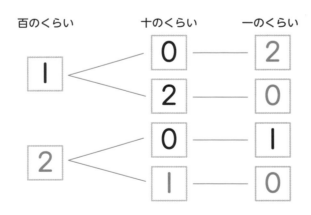

百のくらい　　　　十のくらい　　　一のくらい

1 ── 0 ── 2
　　　2 ── 0
2 ── 0 ── 1
　　　1 ── 0

百のくらいが0の数字はないので、できる数字はこの4通りですね

（2）【しき】　210 − 102 ＝ 108

もんだい4

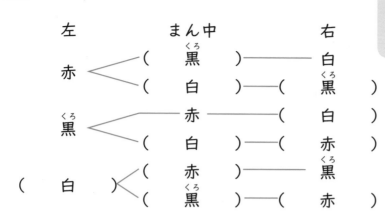

```
   左        まん中        右
   赤 ┌──(  黒  )──── 白
      └──(  白  )──(  黒  )

   黒 ┌──── 赤 ────(  白  )
      └──(  白  )──(  赤  )

(  白  )┌──(  赤  )──── 黒
        └──(  黒  )──(  赤  )
```

いつでもじゅんじょよく数えられるよう「きまり」を見つけるといいですね

練習問題

1 (1) 102　　(2) 98　　(3) 201　　(4) 822、282、228

(1) 3まいのカードでいちばん小さい数ですから、百のくらいは1、十のくらいは0がいいですね。

(2) 2まいのカードで100に近い数ですから、十のくらいは9で、できるだけ大きい数がいいですね。

(3) 198も近いですが、201のほうが近いですね。

(4) 2が2まい、8が1まいですから、8が百のくらい、十のくらい、一のくらいに入る3つの数ができます。

2 (1) 下の図　　(2) 6通り

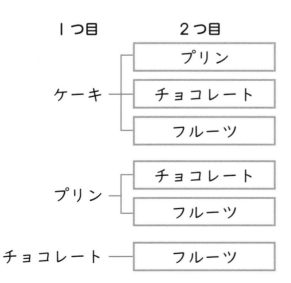

1つ目	2つ目
ケーキ	プリン
	チョコレート
	フルーツ
プリン	チョコレート
	フルーツ
チョコレート	フルーツ

(1) 数えのこし、かさなりなどがないように、ちゅういしましょう。

(2) (1)で書き出したとおり、6通りですね。

考える力をのばす問題 5

もんだい1 円にそって、ひとしい間かくでア〜カの点があります。このうち3つの点をむすんで、三角形を作ります。

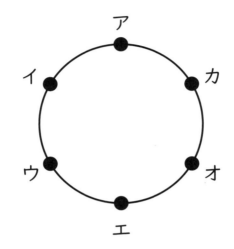

(1) ア・ウ・オをむすんでできる三角形と同じ三角形を作るには、どの3つの点をむすぶとよいでしょうか。

答え:

(2) 3つの点をむすんでできる、形のちがう三角形は何しゅるいありますか。ただし、むきをかえたりうらがえしたりして、ぴったりかさなる三角形は、同じ形と考えます。

答え:

もんだい1 (1) イ、エ、カ　　(2) 3しゅるい

(1) ア・ウ・オをむすんでできる三角形は、点を1つおきにむすんでできています
ね（正三角形）。ア・ウ・オとちがったえらび方は、ア・ウ・オでえらばなかっ
た3つの点になります。

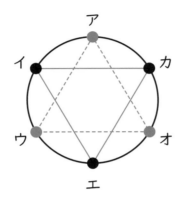

(2) むきをかえたりうらがえしたりすると、ぴったりかさなる三角形はたくさんで
きますが、形のちがうものはつぎの3しゅるいです。

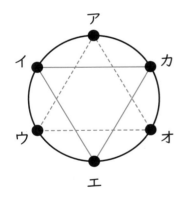

点を1つおきに
むすんでできる
三角形。

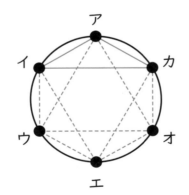

1つの点とその
左右の点をむすんで
できる三角形。

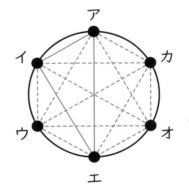

むかい合う2つの点と
どちらかのとなりの点を
むすんでできる三角形。

きまりを見つけるもんだい

~数れつと数のひょうからきまりを見つけよう~

れいだい 1

きまりにしたがって、数がならんでいます。数のならび方のきまりを考えて、□□□□に入る数を書きましょう。

(1) 10、20、30、□□、50、60、70…

(2) 2、4、6、8、□□、12、14、16…

(3) 50、100、150、50、100、150、□□、100、150、50…

(4) 100、97、94、91、□□、85、82…

(5) 4、11、18、□□、32、39…

せつめい

数がどんどんふえていくときは、いくつずつふえるか見てみましょう。

(1) 10 ずつ数がふえています。

(2) 2 ずつ数がふえています。

(3) 50、100、150 がくりかえし出てきます。

(4) 数がへっていくときも、いくつずつへるか考えてみましょう。3 ずつへっていますね。

(5) 7 ずつ数がふえています。

答え： (1)40 (2)10 (3)50 (4)88 (5)25

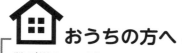 おうちの方へ

数が増える、減るのほかに繰り返しもあります。最後まで注意深く数の並びを見るよううながしてあげましょう。

れいだい2 今月のカレンダーの下のぶぶんが、やぶれてしまっています。このカレンダーについてもんだいに答えましょう。

日	月	火	水	木	金	土
		1	2	3	4	5
6	7	8	9	10	11	12

(1) 今月の16日は何曜日ですか。

(2) 今月の3回目の金曜日は何日ですか。

(3) ピキくんは、毎週火曜日にスイミングスクールに通っています。今月4回目に通うのは何日ですか。

せつめい

図のように、1週間は7日ですから、同じ曜日は7日ごとにやってきます。

(1) 16 − 7 = 9 ですから、16日は9日と同じ曜日です。

(2) 2回目の金曜日の11日の7日後ですね。

  11 + 7 = 18

(3) 4回目の火曜日は、8日に7を2回たせばいいですね。

  8 + 7 + 7 = 22 (7 × 2 = 14 8 + 14 = 22)

  答え: (1)水曜日　　(2)18日　　(3)22日

おうちの方へ

実際のカレンダーを見せながら説明してあげてもいいですね。1か月は30日や31日、28日（29日）の月があることも教えてあげましょう。

もんだい1　きまりにしたがって、数(かず)がならんでいます。

1、5、9、13、□、21…

(1) □ に入(はい)る数(かず)を答(こた)えましょう。

【しき】

答(こた)え：_____

(2) 8番目(ばんめ)の数(かず)を答(こた)えましょう。

【しきや考(かんが)え方(かた)】

答(こた)え：_____

もんだい2　きまりにしたがって、数(かず)がならんでいます。

100、96、92、□、84、80…

(1) □ に入(はい)る数(かず)を答(こた)えましょう。

【しき】

答(こた)え：_____

(2) 8番目(ばんめ)の数(かず)を答(こた)えましょう。

【しきや考(かんが)え方(かた)】

答(こた)え：_____

もんだい 3　きまりにしたがって、●がならんでいます。

1番目　2番目　3番目　4番目

(1) 4番目には●が何こならんでいますか。

答え: _____

(2) 同じきまりで●をならべると、6番目は●が何こならびますか。

【しきや考え方】

答え: _____

もんだい 4　きまりにしたがって、●がならんでいます。

1番目　2番目　3番目　4番目

(1) 3番目には●が何こならんでいますか。

答え: _____

(2) 同じきまりで●をならべると、6番目は●が何こならびますか。

【しきや考え方】

答え: _____

1 竹ひごをつかって、図のように四角形を作っていきます。これについて、もんだいに答えましょう。

1番目   2番目   3番目   …

（1）4番目の図では、竹ひごを何本つかいますか。

【しき】

答え：_____

（2）10番目の図では、竹ひごを何本つかいますか。

【しき】

答え：_____

2 きまりにしたがって、つみ木をつみ上げていきます。

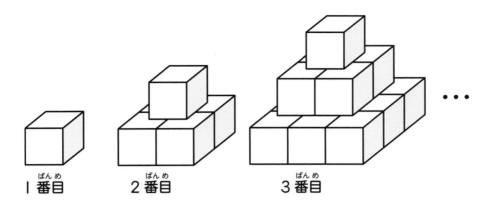

1番目　　2番目　　　　3番目

（1）2番目のつみ木は何こありますか。つぎのしきの ▢ に数を
入れて計算しましょう。

【しき】

1 ＋ ▢ × ▢ ＝

答え：_____

（2）3番目のつみ木は何こありますか。つぎのしきの ▢ に数を
入れて計算しましょう。

【しき】

1 ＋ ▢ × ▢ ＋ ▢ × ▢ ＝

答え：_____

（3）このきまりでつみ上げると、5番目のつみ木は何こになりますか。
（1）や（2）と同じように計算しましょう。

【しき】

答え：_____

確認問題

もんだい1 (1) 17　　(2) 29

図のように、4ずつ数が大きくなっていますね。

1、5、9、13、□、21、…
+4 +4 +4 +4　　+4

(2)どんどん4をたしてもいいですが、8番目の数を出すには1に4を何回たせばいいか考えてもいいですね

(1)【しき】　13 + 4 = 17

(2)　1、5、9、13、17、21、□、□、…
+4 +4 +4 +4 +4　+4　+4

8つの数字の間の数なので7つ

【しき】　8 − 1 = 7　　4 × 7 = 28　　1 + 28 = 29

もんだい2 (1) 88　　(2) 72

図のように、4ずつ数が小さくなっていますね。

100、96、92、□、84、80、…
−4 −4 −4　　−4　−4

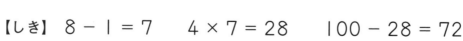

間の数＝数字のこ数−1　となりますが、丸おぼえではなく、たとえば手を見て「5本ゆびの間の数は4つ」と思い出すなどくふうしましょう

(1)【しき】　92 − 4 = 88

(2)　**もんだい1**と同じように、100から4を何回ひけばいいか、考えるといいですね。

【しき】　8 − 1 = 7　　4 × 7 = 28　　100 − 28 = 72

もんだい 3 (1) 10こ   (2) 21こ

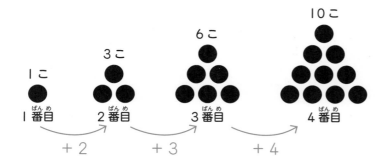

いくつずつふえているかを考えてみましょう

(1) 数えてもいいですね。計算するならどんなしきになるでしょうか？

【しき】 1 + 2 + 3 + 4 = 10

(2) 6番目は1から6までをたすと、計算できますね。

【しき】 1 + 2 + 3 + 4 + 5 + 6 = 21

もんだい 4 (1) 9こ   (2) 36こ

(1) 数えてもいいですが、かけ算で計算もできますね。

【しき】 3 × 3 = 9

(2) もんだい3 と同じように

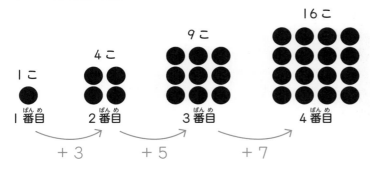

と計算するといいですね。

【しき】 1 + 3 + 5 + 7 + 9 + 11 = 36

と考えたお子さんはいるでしょうか。
すばらしいはっそうですね。
6 × 6 = 36 ももちろん正かいです

1 （1）13本　　（2）31本

（1）図のように、3本ずつふえていますね。

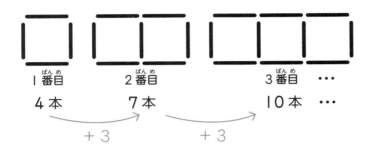

1番目　　　　2番目　　　　　3番目 …
4本　　　　　7本　　　　　　10本 …
　　　＋3　　　　　＋3

【しき】　10 ＋ 3 ＝ 13

（2）1番目から10番目までに、3本を9回ふやせばいいですね。

【しき】　3 × 9 ＝ 27　　4 ＋ 27 ＝ 31

2 （1）5こ　　（2）14こ　　（3）55こ

（1）1番目のだん…1こ　　2番目のだん…2 × 2 ＝ 4こ　と考えるといいですね。

【しき】　1 ＋ ⟮ 2 ⟯ × ⟮ 2 ⟯ ＝ 5

（2）（1）と同じように
1番目のだん…1こ
2番目のだん…2 × 2 ＝ 4こ
3番目のだん…3 × 3 ＝ 9こ　と考えましょう。

【しき】　1 ＋ ⟮ 2 ⟯ × ⟮ 2 ⟯ ＋ ⟮ 3 ⟯ × ⟮ 3 ⟯ ＝ 14

（3）同じように考えると

【しき】　1 ＋ 2 × 2 ＋ 3 × 3 ＋ 4 × 4 ＋ 5 × 5 ＝ 55

考える力をのばす問題 6

もんだい 1

1本の線のりょうはしに●をうちます（1番目）。つぎに2つの●の間に、1つ●をうちます（2番目）。そしてつぎつぎに●と●の間に●をうっていきます。6番目の図では●は何こありますか。

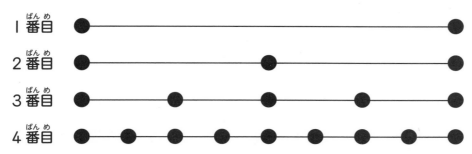

答え：＿＿＿＿＿＿＿＿＿＿＿＿＿＿

小2 6　答えとせつめい

もんだい 1　33こ

今ある●の間に●をうっていきます。新しくうつ●の数は、その前の●の数より1少ない数（●と●の間の数）となります。

	1番目	2番目	3番目	4番目	5番目	6番目
●の数	2	3	5	9	17	
ふやす●の数		2−1=1	3−1=2	5−1=4	9−1=8	17−1=16

【しき】　9−1=8　　9＋8=17

17−1=16　　17＋16=33

ひょうとグラフのもんだい

～ひょうのあらわし方、見方をみにつけよう～

れいだい 1 クラスで、今月図書かんから本をかりた人とかりた本の数をしらべて、ひょうにしました。

かりた本の数	0	1	2	3	4	5
人数	2	5	9	7	4	5

0さつ	1さつ	2さつ	3さつ	4さつ	5さつ

（1）上のひょうをもとにして、〇であらわすグラフを書きましょう。

せつめい

（1）ひょうをよく見て、人数分だけ〇を書きましょう。

🏠 **おうちの方へ**

表をよく見て、〇の数を正しく書けているか確認してあげてください。

答え：

0さつ	1さつ	2さつ	3さつ	4さつ	5さつ
		〇			
		〇			
		〇	〇		
		〇	〇		
	〇	〇	〇		〇
	〇	〇	〇	〇	〇
	〇	〇	〇	〇	〇
〇	〇	〇	〇	〇	〇
〇	〇	〇	〇	〇	〇

（2）クラスには、ぜんぶで何人いますか。

（3）本を、ぜんぶで何さつかりましたか。

せつめい

（2）ぜんぶの人数をたすと、クラスの人数がわかりますね。

【しき】 $2 + 5 + 9 + 7 + 4 + 5 = 32$

（3）0さつの人（かりなかった人）が2人、1さつの人が5人、2さつの人が9人、3さつの人が7人、4さつの人が4人、5さつの人が5人です。

【しき】
$1 × 5 = 5$　　$2 × 9 = 18$
$3 × 7 = 21$　　$4 × 4 = 16$
$5 × 5 = 25$
$5 + 18 + 21 + 16 + 25 = 85$

答え： （2）**32**人　　（3）**85**さつ

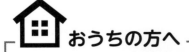

おうちの方へ

人数の合計と、本の冊数の合計の違いを理解できているか、計算が正確にできているかをチェックしてあげましょう。

答えとせつめいは、73～74 ページ

もんだい1 めぐみさんたちは、10 もんの計算テストできょうそうしました。下のひょうは、そのきろくです。

もんだい	1	2	3	4	5	6	7	8	9	10
めぐみさん	○	○	○	○	○	×	○	×	○	×
ひろこさん	○	○	×	○	○	×	○	○	×	×
ピキくん	○	○	×	×	○	×	○	×	×	×
たろうくん	○	○	○	×	○	○	×	○	○	○

(1) だれが何もんできたか、グラフに○を書いてあらわしましょう。

答え:

めぐみさん	ひろこさん	ピキくん	たろうくん

(2) ○の数が、いちばん多かったのはだれで、何こですか。

　　答え: ＿＿＿＿＿＿＿＿＿＿＿＿

(3) 1もん10点のテストだとしたら、めぐみさんは何点ですか。

　　答え: ＿＿＿＿＿＿＿＿＿＿＿＿

もんだい2 みかさんたちは、まと当てゲームを3回しました。そのとく点数のけっかが下のひょうです。

	1回目	2回目	3回目
みかさん	5	6	4
ゆりさん	8	7	9
まりさん	7	4	5
さらさん	9	7	8

(1) 3回の合計が、いちばん少ないのはだれで、何点ですか。

【しき】

答え：＿＿＿＿＿＿＿＿＿＿

(2) 3回の合計が同じなのは、だれとだれで、何点ですか。

【しき】

答え：＿＿＿＿＿＿＿＿＿＿

答えとせつめいは、75ページ

1 クラスの中で、めがねをかけている子と、かけていない子の人数をしらべて、ひょうにしました。

	かけている	かけていない
男の子	7人	9人
女の子	6人	8人

(1) クラスの中で、めがねをかけている子は何人いますか。

【しき】

答え：
_____

(2) めがねをかけていない男の子は、めがねをかけている女の子より何人多いですか。

【しき】

答え：
_____

(3) クラスの女の子は、ぜんぶで何人いますか。

【しき】

答え：
_____

(4) クラスにはぜんぶで何人いますか。

【しき】

答え：
_____

確認問題

もんだい1　(1) 右の図
　　　　　　　(2) たろうくん　8こ
　　　　　　　(3) 70点

(1) ひょうをよく見て、それぞれの○の数だけ
　　書きこみましょう。

> 【おうちの方へ】
> 表の○の数を正しく数えられる
> こと、そしてその○の数をグラ
> フに表してくらべられることを
> 理解するのがポイントです

			○
○			○
○	○		○
○	○		○
○	○	○	○
○	○	○	○
○	○	○	○
○	○	○	○
めぐみさん	ひろこさん	ピキくん	たろうくん

(2) ○の数をまちがわないように数えましょう。

(3) めぐみさんは○の数が7こですね。1もん10点ですから、70点です。

（1）みかさん 15点　　（2）ゆりさんとさらさん 24点

	1回目	2回目	3回目
みかさん	5	6	4
ゆりさん	8	7	9
まりさん	7	4	5
さらさん	9	7	8

3回の合計を計算すればいいことがわかり、正しく計算できたでしょうか？

（1）それぞれの点数を合計してくらべましょう。

【しき】　みかさん　5＋6＋4＝15
　　　　　ゆりさん　8＋7＋9＝24
　　　　　まりさん　7＋4＋5＝16
　　　　　さらさん　9＋7＋8＝24

　　　3回の合計がいちばん少ないのは、みかさんですね。

（2）（1）で計算したけっか、3回の合計が同じなのは、ゆりさんとさらさんです。

1 (1) 13人　　(2) 3人　　(3) 14人　　(4) 30人

	かけている	かけていない	合計
男の子	7人	9人	（ア）
女の子	6人	8人	（イ）
合計	（ウ）	（エ）	（オ）

(1) 上のひょうの（ウ）が、めがねをかけている男の子と
　　女の子の人数の合計ですね。

　　【しき】　7 + 6 = 13

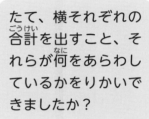

たて、横それぞれの
合計を出すこと、そ
れらが何をあらわし
ているかをりかいで
きましたか？

(2) めがねをかけていない男の子は 9 人、めがねをかけて
　　いる女の子は 6 人ですね。

　　【しき】　9 − 6 = 3

(3) クラスの女の子の人数の合計は、（イ）を計算すればわ
　　かります。

　　【しき】　6 + 8 = 14

(4) クラスの人数の合計は、ひょうのぜんぶの人数をたし
　　算するとわかりますね。

　　【しき】　7 + 9 + 6 + 8 = 30

考える力をのばす問題 ⑦

もんだい1 ピキくんのクラスで、1もん10点で10もんの計算テストをしました。下のひょうは、そのけっかです。

点数	0	10	20	30	40	50	60	70	80	90	100
人数	0	1	1	2	3	ア	5	8	イ	2	1

(1) ピキくんのクラスの人数は30人です。アとイの合計は何人ですか。

【しき】

答え:

(2) 50点の人は80点の人より1人多かったそうです。アとイに入る数字を答えましょう。

【しき】

答え:　ア　　　イ

もんだい2 つぎのひょうは、にゃんたろうくんのクラスで、めがねをかけている子とかけていない子の人数をしらべたものです。

	めがねをかけている	めがねをかけていない
男の子	9人	4人
女の子	10人	6人

（1）めがねをかけている男の子は、めがねをかけていない女の子より何人多いですか。

【しき】

答え: _____

（2）このクラスにはぜんぶで何人いますか。

【しき】

答え: _____

小2⑦　答えとせつめい

もんだい1　（1）7人　　（2）ア　4　　イ　3

（1）【しき】1 + 1 + 2 + 3 + 5 + 8 + 2 + 1 = 23
　　　　　30 − 23 = 7

（2）アとイの合計が7人で、アがイより1人多いから

　　【しき】7 = 3 + 4

もんだい2　（1）3人　　（2）29人

（1）【しき】9 − 6 = 3

（2）ぜんぶの人数の合計が答えになります。

　　【しき】9 + 4 + 10 + 6 = 29

時こくと時間

～時計の見方と時間の計算をみにつけよう～

れいだい1 時計を見て、答えましょう。

① 　②

(1) ①、②の時こくを答えましょう。

(2) ①、②の時こくはどちらも午後です。午前や午後をつかわない、24時せいのあらわし方で書きましょう。

(3) ①の時こくから②の時こくまでの時間は、何時間何分ですか。

せつめい

(1) みじかいはりは時を、長いはりは分をあらわします。

(2) 24時せいでは、午後1時が13時になります。

(3) ひき算をしてもとめましょう。

【しき】　15時45分 − 12時25分 ＝ 3時間20分

(1) ① 12 (0)時 25分　② 3時 45分

(2) ① 12時 25分　② 15時 45分

答え：(3) 3時間 20分

おうちの方へ

長針が1周すると1時間、その間に短針がどう動くのかを理解させることが大切です。

れいだい2 つぎのもんだいに答えましょう。

（1） 8時25分に家を出て、学校まで15分歩きます。学校に
つくのは何時何分ですか。

（2） めぐみさんは、4時25分から5時まで、本を読みました。
本を読んだのは何分ですか。

せつめい

（1） 家を出た時こくに、かかった15分をたすと、ついた時こくが
わかりますね。

【しき】 8時25分 ＋ 15分 ＝ 8時40分

（2） 読みおわった5時から、読みはじめた4時25分をひくと、読ん
だ時間がわかります。

【しき】 5時 － 4時25分 ＝ 35分

答え： （1） 8時40分　　（2） 35分

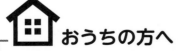

おうちの方へ

れいだい2 （2）は1時間＝60分であることから5時を「4時60分」と考えてひき算するとよいことを教えて
あげましょう。

答えとせつめいは、84〜85 ページ

もんだい 1　時計に時こくをあらわすはりを書きましょう。

①　8時40分　　　②　11時35分　　　③　2時20分

もんだい 2　つぎの文しょうの　　　は、時こくですか、時間ですか。

(1)　今朝は、7時30分におきました。

答え：

(2)　家から学校まで、歩いて15分かかります。

答え：

(3)　12時20分から、きゅう食の時間がはじまります。

答え：

(4)　学校から帰って、1時間30分テレビを見ました。

答え：

(5)　ねる前に20分、計算れんしゅうをすることにしています。

答え：

もんだい3　図を見て、答えましょう。

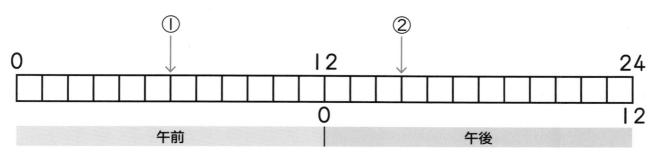

(1) ①、②の時こくを、午前、午後をつけて答えましょう。

　　答え：　　①　　　　　　　　　　　②

(2) ①、②の時こくを、24時せいで答えましょう。

　　答え：　　①　　　　　　　　　　　②

(3) ①の時こくから②の時こくまで、何時間ですか。

【しき】

　　　　　　　　　　　　　　　　　　　　　　答え：

もんだい4　はなさんの家から学校まで、歩いて35分かかります。学校は9時にはじまります。学校におくれないようにするには、何時何分までに家を出るといいですか。

【しき】

　　　　　　　　　　　　　　　　　　　　　　答え：

答えとせつめいは、85 ページ

1 りえさんは、家ぞくでどうぶつ園に行きました。家を 8 時 35 分に出ぱつして、どうぶつ園には 10 時 20 分につきました。

（1） 家からどうぶつ園まで、何時間何分かかりましたか。

【しき】

答え：

（2） どうぶつ園についてから 2 時間 20 分たって、おべんとうを食べました。おべんとうを食べたのは、24 時せいで何時何分ですか。

【しき】

答え：

2 めぐみさんは、図書かんに行きました。家を午前 11 時 30 分に出て、図書かんまでバスで 40 分かかりました。

(1) 図書かんについたのは何時何分ですか。12 時せいで答えましょう。

【しき】

答え：
_____

(2) 図書かんで 1 時間 30 分すごすと、時こくは何時何分になっていますか。12 時せいで答えましょう。

【しき】

答え：
_____

答えとせつめい

もんだい1

① 8時40分　　② 11時35分　　③ 2時20分

長いはりもそうですが、みじかいはりがどの数字とどの数字の間のどのあたりをさしているかを考えることも大切ですね

それぞれの時こくのとき、長いはりがどの数字をさしているか、
気をつけながら書きこみましょう。

もんだい2 (1) 時こく　　(2) 時間　　(3) 時こく　　(4) 時間　　(5) 時間
時こくは「あるとき」を、時間は「長さ」をあらわします。

もんだい3 (1) ①午前6時　　②午後3時
　　　　　　(2) ①6時　　②15時　　(3) 9時間

ます目を正しく数えて答えるようにしましょう。

【しき】(3) 15時－6時＝9時間

(3)は、ます目を数えて答えてもいいですね

もんだい4　8時25分

学校がはじまる9時から35分をひき算すると、
家を出る時こくがわかります。

【しき】　9時−35分＝8時25分

9時を「8時60分」とくり
下げて計算できているでし
ょうか？

練習問題 ・・・

1　（1）1時間45分　　（2）12時40分

（1）どうぶつ園についた10時20分から、家を出た8時35分をひき算する
と、かかった時間がわかりますね。

【しき】　（1）10時20分−8時35分　＝1時間45分
　　　　　（2）10時20分＋2時間20分＝12時40分

こちらもくり下がり
がひつようです。
10時20分は
「9時80分」ですね

2　（1）午後0時10分　　（2）午後1時40分

【しき】　（1）11時30分＋40分＝12時10分＝午後0時10分
　　　　　（2）12時10分＋1時間30分＝13時40分＝午後1時40分

答えは12時せい
ですが、とちゅう
の計算は24時せ
いでもだいじょう
ぶです

考える力をのばす問題 ⑧

もんだい 1 今、お昼の 1 時です。今から夕方の 5 時までの間に、長いはりは何回みじかいはりをおいこすでしょうか。

答え：_____

もんだい 2 ある朝、時計をおとしてしまいました。数字がぜんぶとれてしまいましたが、長いはりはちょうど数字があったところを、みじかいはりは数字と数字のちょうどまん中をさしていました。時計をおとしたのは、何時何分だったのでしょうか。

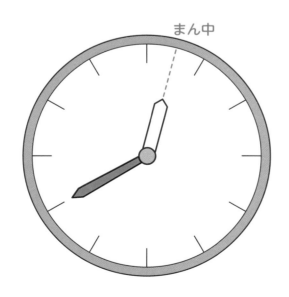

まん中

答え：_____

もんだい1 4回

長いはりは1時間に1回てんするので、何どもみじかいはりをおいこします。1時から5時までの間では、つぎのように1時台から4時台の4回ありますね。

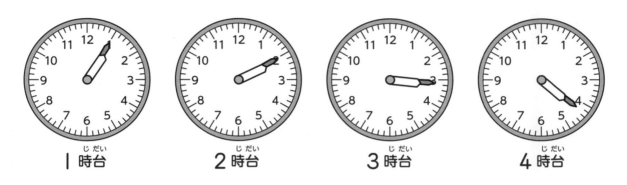

1時台   2時台   3時台   4時台

もんだい2 （午前）10時30分

長いはりが数字のところ、みじかいはりが数字と数字のまん中、というのがヒントです。

みじかいはりが数字と数字のまん中、ということは「〇時30分」ということですね。

つまり長いはりがさしているのは数字の6です。

これで、ほかの数字もぜんぶわかりますね。

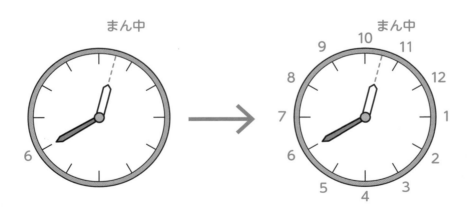

長さ

〜長さのたんいとしくみをりかいしよう〜

れいだい1 つぎの図を見て、(1) 〜 (3) の長さを cm、mm をつかって書きましょう。

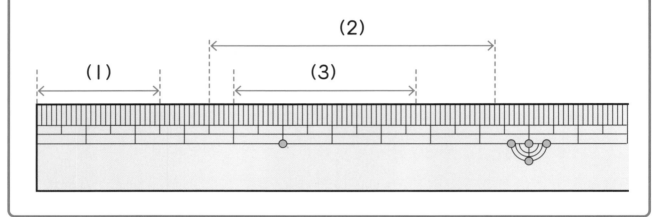

せつめい

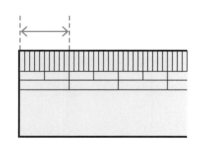

左の長さが 1cm = 10mm ですね。
mm まで、しっかり考えてみましょう。

答え： (1) **2cm5mm**　(2) **5cm8mm**　(3) **3cm7mm**

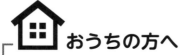 おうちの方へ

ものさしにはいろいろな種類がありますが、上図のような「竹ものさし」が問題に出てくることがあります。数字が書き込まれていませんが、読み取れるように練習しておきましょう。

れいだい2 25cm のリボンから、13cm6mm をプレゼント用に切りとりました。のこりの長さは何cm何mmになったでしょうか。

せつめい 25cm から、つかった 13cm6mm をひくと、のこりの長さがわかりますね。

ひっ算では、つぎのように 1cm を 10mm にしてくり下げて、計算しましょう。

$$
\begin{array}{r}
\overset{\tiny 1cm}{} \quad \\
4 \quad\ 10mm \\
2\cancel{5}cm \\
-\ 13cm6mm \\
\hline
11cm4mm
\end{array}
$$

【しき】 25cm − 13cm6mm = 11cm4mm

答え： 11cm4mm

おうちの方へ

考え方は1つではなく、すべてをmmになおして 250mm − 136mm と計算する方法もあります。お子さんがどのように考えるかをまず観察し、「こんな計算の方法もあるね」と＋αを教えてあげられるといいですね。

答えとせつめいは、94〜95ページ

もんだい 1 つぎの図を見て、（1）〜（3）の長さを cm、mm をつかって書きましょう。

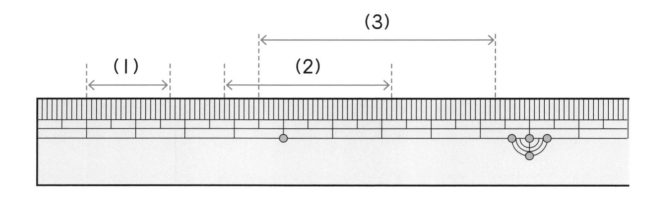

答え：　　　（1）　　　　　　　（2）　　　　　　　（3）

もんだい 2 あるお店の会いんカードの大きさは、たての長さが 5cm4mm、よこの長さが 8cm2mm です。よこの長さはたての長さより何 cm 何 mm 長いでしょうか。

【しき】

答え：

もんだい3 げんかんのドアの大きさをはかったら、たての長さが 1m95cm、よこの長さが 87cm ありました。たての長さとよこの長さのちがいは、どれだけありますか。

【しき】

答え: _____

もんだい4 つぎの長さのたんいを答えましょう

(1) はがきのたての長さ ····· 15 (　　　　　)

(2) プールのたての長さ ····· 25 (　　　　　)

(3) 1円玉のあつさ ··········· 1 (　　　　　)

(4) 学しゅうづくえの高さ ··· 85 (　　　　　)

(5) 高そうビルの高さ ····· 124 (　　　　　)

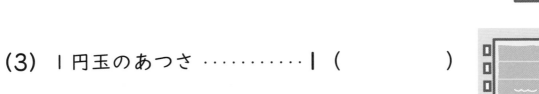

答えとせつめいは、95 ページ

1 よこの長さが 7cm のトランプのカードを、3cm ずつはなして ならべます。

(1) 図のように 4 まいならべました。はしからはしまで何 cm になりますか。

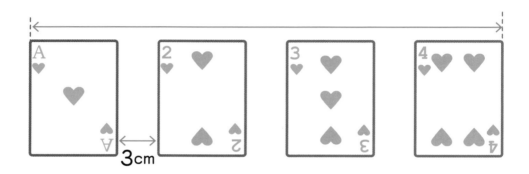

【しき】

答え：

(2) 同じように 13 まいならべると、はしからはしまでどれだけの 長さになりますか。

【しき】

答え：

2 家から学校まで、ゆうびんきょくの前を通って行く道と、公園の前を通って行く道があります。

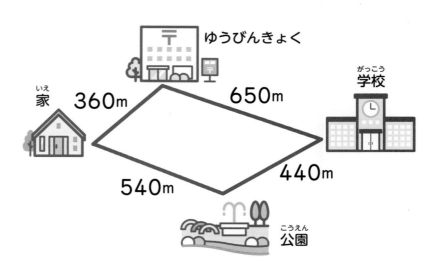

家 360m ゆうびんきょく 650m 学校 440m 540m 公園

(1) 家から学校まで行くとき、どちらの道が何 m 長いでしょうか。

【しき】

答え: _____

(2) 家からゆうびんきょくの前を通って学校まで行き、公園の前を通って帰ってきました。ぜんぶで何 m 歩いたでしょうか。

【しき】

答え: _____

確認問題

もんだい 1 （1）1cm7mm 　（2）3cm4mm 　（3）4cm8mm

よく目もりを見て、しっかり数えましょう。

【おうちの方へ】
竹ものさしはおうちに用意
しておくといいですね

もんだい 2 　2cm8mm

よこの長さからたての長さをひくと、ちがい
がわかりますね。

【しき】 8cm2mm − 5cm4mm = 2cm8mm

くり下がりが正しく
できたでしょうか

もんだい 3 　1m8cm （108cm）

「長さのちがい」ですから、ひき算で考えます。

【しき】 1m95cm − 87cm = 1m8cm

1m95cm を 195cm とし
て計算してもいいですね

もんだい4 (1) cm　　(2) m　　(3) mm　　(4) cm　　(5) m

およそどのくらいの大きさのものかを、
思いうかべましょう。

(3)「直径」ということばはまだ
ならっていませんが、１円玉の
直径だったらたんいは cm です
ね

練習問題 ••

1　(1) 37cm　　(2) 127cm（1m27cm）

(1) カードが４まいですから、カードとカードの間は３つですね。

【しき】　7 × 4 = 28　　4 − 1 = 3　　3 × 3 = 9　　28 + 9 = 37

(2) 13まいならべるとき、間の数は12こです。

【しき】　7 × 13 = 70 + 21 = 91　　13 − 1 = 12
　　　　3 × 12 = 30 + 6 = 36　　　91 + 36 = 127

2　(1) ゆうびんきょくの前を通る道が 30m 長い　　(2) 1990m

(1) それぞれの道の長さを、たし算で計算してくらべます。

【しき】　360 + 650 = 1010　　540 + 440 = 980
　　　　1010 − 980 = 30

(2) (1) で計算した答えをたすといいですね。

【しき】　1010 + 980 = 1990

考える力をのばす問題 9

もんだい 1 ひろ子さんは、お父さんからむかしの長さのはかり方を教えてもらいました。りょううでを広げたはしからはしまでを「1ひろ」、手のひらを広げた親ゆびの先から中ゆびの先までが「1あた」というのだそうです。ひろ子さんの「1ひろ」「1あた」の長さをはかると120cm、8cmでした。

へやのまどのはばを、ひろ子さんの体ではかると「1ひろと3あた」ありました。へやのまどのはばの長さはどれだけありますか。

【しき】

答え：

_____

もんだい 2 めぐみさんが1歩で歩く長さをはかってみると、30cmでした。お父さんの1歩は2ばいの60cmです。へやのはしからはしまで、お父さんが歩くと8歩でした。めぐみさんがへやのはしからはしまで歩くと、何歩になるでしょうか。

60cm　30cm

答え：

_____

もんだい 1 144cm（1m44cm）

むかしの日本には、つぎのような長さの
はかり方がありました。

1ひろが120cm、1あたが8cmです
から、これをもとに計算しましょう。

【しき】 8 × 3 = 24
　　　 120 + 24 = 144

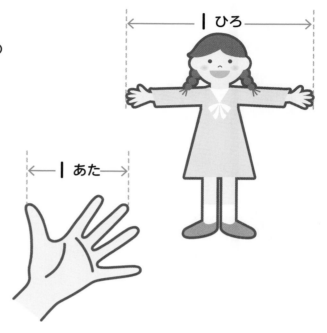

もんだい 2 16歩

図のように、同じ長さを歩くときのめぐみさんの歩数は、お父さんの2ばいになり
ます。

【しき】 8 × 2 = 16

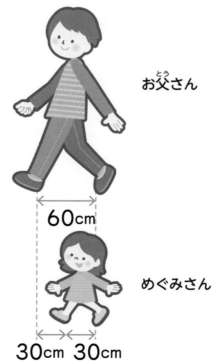

お父さん

60cm

めぐみさん

30cm　30cm

三角形と四角形

～直線だけでかこまれた図形について考えよう～

れいだい 1 つぎの図を見て、もんだいに答えましょう。

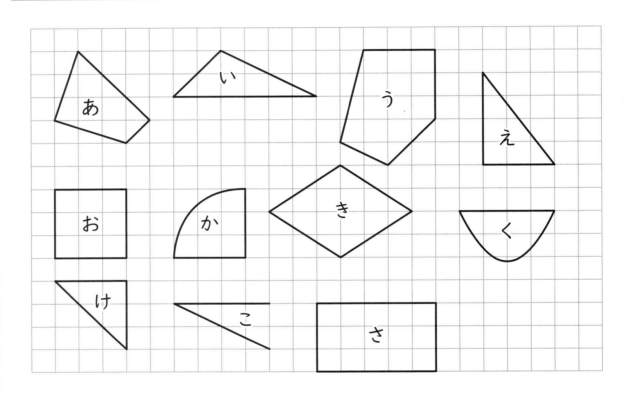

（1）三角形・四角形はどれですか。すべてえらびましょう。

せつめい （1）3本の直線でかこまれた図形が三角形、4本の直線でかこまれた図形が四角形ですね。

答え：（1）三角形：い、え、け　　四角形：あ、お、き、さ

⌂ おうちの方へ

直線だけで囲まれた図形を選ぶよううながしてあげましょう。曲線が使われている「か」や「く」、また囲まれていない「こ」は三角形や四角形ではありませんね。

（2）正方形、長方形はどれですか。それぞれ1つずつえらびましょう。

（3）直角三角形はどれですか。すべてえらびましょう。

（4）2つ合わせると正方形・長方形になる三角形はどれですか。

せつめい

（2）4本のへんの長さがすべて同じ四角形が、正方形ですね。

（3）ます目をりようして、直角をさがしましょう。

（4）むきをかえたり、うらがえしたりして、合わせてみましょう。

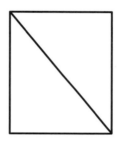

（2）正方形：お　長方形：さ

（3）え、け

答え：（4）正方形：け　長方形：え

おうちの方へ

2つの図形を合わせて別の図形を作ることができることを、しっかり理解させてあげたいところです。色板（タングラム）などを使った練習もいいですね。

もんだい1 つぎの図を見て、もんだいに答えましょう。

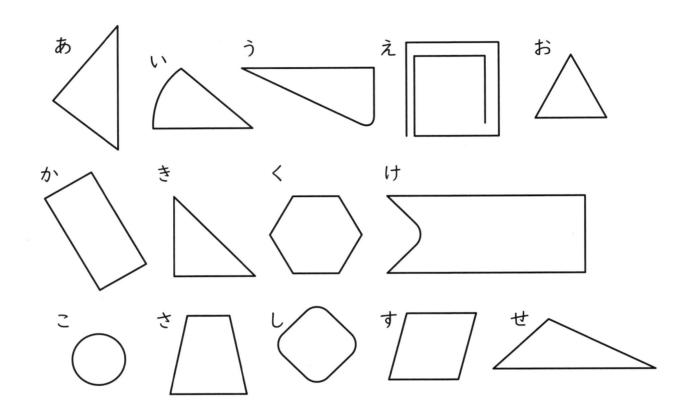

(1) 直線だけでかこまれた図形をすべてえらびましょう。

答え:

(2) 三角形・四角形をすべてえらびましょう。

答え: 三角形:　　　　　　　　　　四角形:

(3) 「か」の形の名前を書きましょう。

答え:

もんだい2 おり紙を2つにおって、つぎのように赤い線にそってはさみで切ってから、広げました。どんな図形ができますか。

(1)
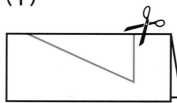

(2)
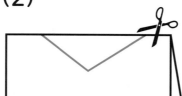

(3)
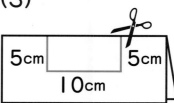

答え: （1）　　　　（2）　　　　（3）

もんだい3 つぎの（1）～（3）の図の中に、三角形は何こかくれていますか。

(1)
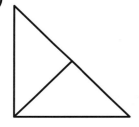

(2)
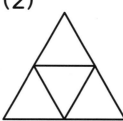

(3)
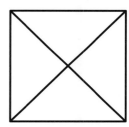

答え: （1）　　　　（2）　　　　（3）

もんだい4 1つのへんの長さが5cmの正方形をかきました。この正方形のまわりの長さはぜんぶで何cmですか。

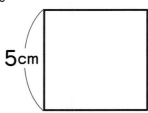

【しき】

答え:

答えとせつめいは、105 ページ

1 ・と・をむすんで、つぎのようなへんの長さの図形をかきましょう。

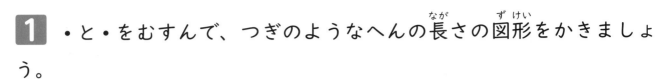

| cm

(1) 1つのへんの長さが 5cm の正方形

(2) たてが 8cm、よこが 6cm の長方形

(3) 直角をはさむへんの長さが 5cm と 7cm の直角三角形

2 ●と●をむすんで、正方形を 3 しゅるいかきましょう。

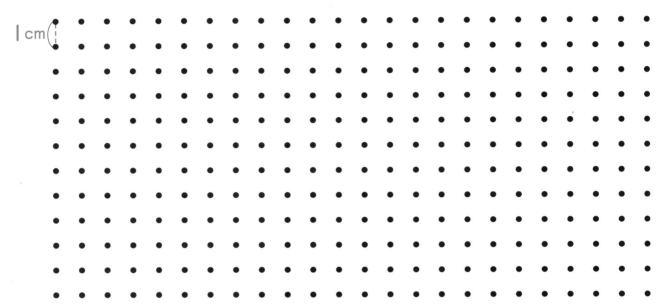

・・・

もんだい1 (1) あ、お、か、き、く、さ、す、せ
(2) 三角形：あ、お、き、せ　　四角形：か、さ、す
(3) 長方形

(1)「直線だけでかこまれた」だから、かこまれていないものはえらべませんね

もんだい2 (1) 三角形　　(2) 四角形　　(3) 四角形（正方形）

おり紙を広げると、つぎのようになりますね。

(1)

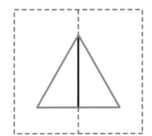

(2)

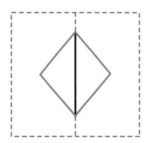

(3)

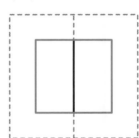

わからないときは、じっさいにおり紙を切ってためしてみましょう

つぎのような三角形がかくれています。

（1）

（2）

（3）

もんだい4　20cm

正方形は、すべてのへんの長さが同じ四角形です。

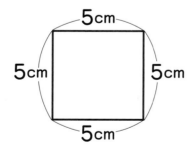

【しき】　5 × 4 ＝ 20

1

・を上手にりようして、直角の図がかけたでしょうか？

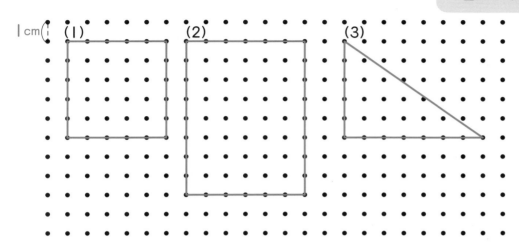

| cm(

(1)　(2)　(3)

2

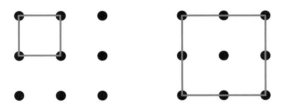 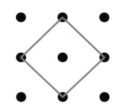

ヒントなしでななめむきの正方形に気づいたならすばらしいですね

ななめのむきでも、正方形です。

考える力をのばす問題 ⑩

もんだい 1 つぎの図について、もんだいに答えましょう。

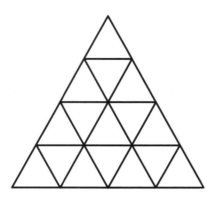

(1) △ の三角形は、なんこかくれていますか。

答え：_____

(2) △ の三角形は、なんこかくれていますか。

答え：_____

もんだい 2 つぎの図の中に、正方形は大小なんこかくれているでしょうか。

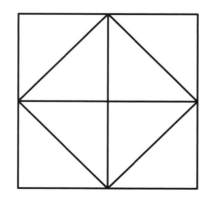

答え：_____

答えとせつめい

もんだい1 (1) 16こ　　(2) 7こ

(1)

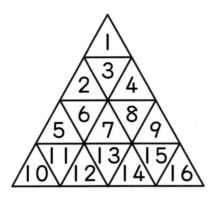

じゅんじょよく数えるもんだい
ですね。

(2) さかさむきの  にちゅういしましょう。

 ・・・6こ　　 ・・・1こ

もんだい2 6こ

「ななめ」の正方形に気づきましたか？

□ ・・・4こ　　　⬜ ・・・1こ　　　◇ ・・・1こ

はこの形

〜見えないぶぶんはどうなっている？〜

れいだい 1 つぎの①と②のはこについて、（　　　　）にことばや数字を書きましょう。

①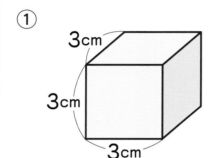

3cm の（　　　　）・・・（　　　　）本
ちょう点・・・（　　　　）つ
たて 3cm、よこ 3cm の
（　　　　）・・・（　　　　）まい

②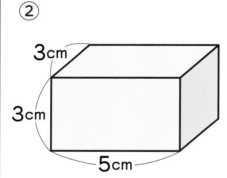

3cm の（　　　　）・・・（　　　　）本
5cm の（　　　　）・・・（　　　　）本
ちょう点・・・（　　　　）つ
たて 3cm、よこ 3cm の
めん・・・（　　　　）まい
たて 3cm、よこ（　　　　）cm の
めん・・・（　　　　）まい

せつめい はこの形には、ぜんぶでへんが12本、ちょう点が8つ、めんが6まいあります。

答え：
① へん・12・8・めん・6
② へん・8・へん・4・8・2・5・4

 おうちの方へ

見取り図で「見えない」部分が想像しにくい場合は、実際に箱の形をしているもので確認してみるようにしましょう。

れいだい 2　下のようなはこを、あつ紙で作ろうと思います。

あ～おのどのあつ紙を何まいつかえばできるでしょうか。
(　　　　　) にきごうや数字を書きましょう。

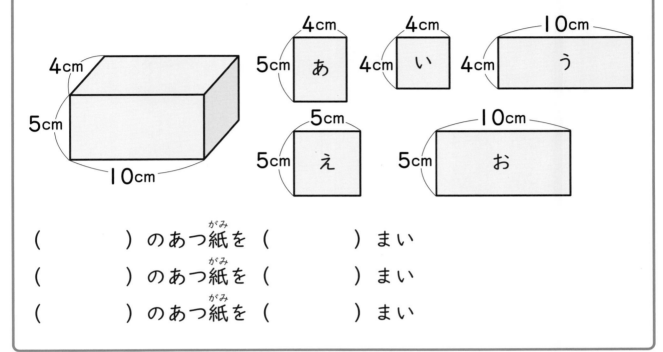

(　　　　　) のあつ紙を (　　　　　) まい
(　　　　　) のあつ紙を (　　　　　) まい
(　　　　　) のあつ紙を (　　　　　) まい

せつめい

図では見えていないところは、つぎのようになっています。

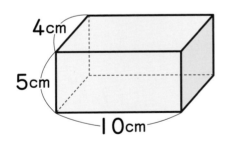

見えているあつ紙がそれぞれ2まいずつあることがわかりますね。

答え：　**あ・2・う・2・お・2**

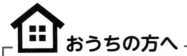　**おうちの方へ**

「見えない部分」が想像できたでしょうか。答えの「あ・う・お」は順不同でかまいません。

もんだい1 右のはこについて、
（　　　　　）にことばや数字を書きまし
ょう。

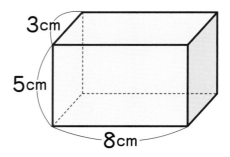

（　　　　）cm のへん・・・（　　　　　）本
（　　　　）cm のへん・・・（　　　　　）本
（　　　　）cm のへん・・・（　　　　　）本
（　　　　　）・・・8つ
たて 3cm、よこ 5cm のめん・・・（　　　　　）まい
たて 3cm、よこ（　　　　　）cm のめん・・・（　　　　　）まい
たて（　　　　　）cm、よこ（　　　　　）cm のめん・・・（　　　　）
まい

もんだい2 竹ひごとねん土玉で、
図のようなはこの形を作りました。

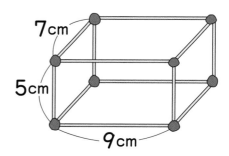

（1）ねん土玉を何こつかいましたか。

答え：_____

（2）つかった竹ひごについて、つぎの（　　　　　）に数字を書きまし
ょう。

（　　　　）cm の竹ひご・・・（　　　　）本
（　　　　）cm の竹ひご・・・（　　　　）本
（　　　　）cm の竹ひご・・・（　　　　）本

もんだい３　つぎのような形の紙を組み立てると、あ～うのどのはこができるでしょうか。

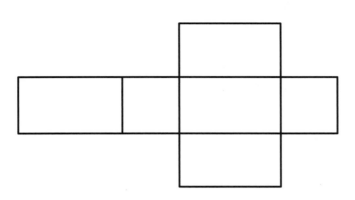

あ

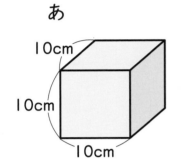

い

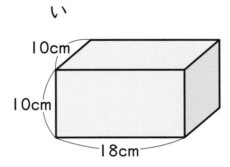

う

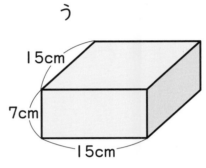

答え：_____

もんだい４　組み立てると、サイコロの形になるものはどれでしょう。すべてえらびましょう。

あ　　　　い　　　　う　　　　え　　　　お

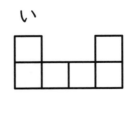 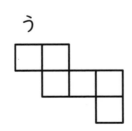 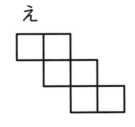

答え：_____

答えとせつめいは、115ページ

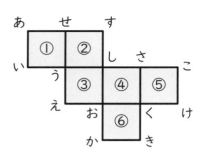

1 図（ず）のようなあつ紙（がみ）をおりまげて、はこを作（つく）ります。

(1) ②のめんとむかいあう合（あ）うめんはどれですか。

こた
答え：
_____

(2) 「き」のちょう点（てん）とかさなるちょう点（てん）はどれですか。すべて書（か）きましょう。

こた
答え：
_____

(3) 「あい」のへんとかさなるへんはどれですか。

こた
答え：
_____

2 ピキくん、めぐみさん、にゃんたろうくんがもっているはこは、あ〜おのどれでしょう。

ピキくん 「ぼくのはこは、めんが6まいあって、そのうち2まいが正方形（せいほうけい）だよ。」

めぐみさん 「わたしのはこは、上から見るとまるくて、正めんから見ると長方形（ちょうほうけい）だよ。」

にゃんたろうくん 「ぼくのはこは、めんが5まいでできているよ。」

あ 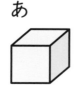　い 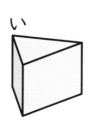　う 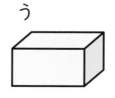　え 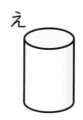　お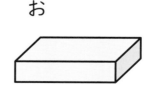

こた
答え：　ピキくん　　　　めぐみさん　　　　にゃんたろうくん
_____

確認問題

もんだい1 （３）cm のへん・・・（４）本

（５）cm のへん・・・（４）本

（８）cm のへん・・・（４）本

※３・５・８のじゅん番は、ちがって

いても正かいです。

（ちょう点）・・・８つ

たて3cm、よこ5cm のめん・・・（２）まい

たて3cm、よこ（８）cm のめん・・・（２）まい

たて（５）cm、よこ（８）cm のめん・・・（２）まい

※５・８のじゅん番は、ぎゃくでも正かいです。

むかい合うめん（2 まい）
やへい行なへん（4 本）を
しっかりりかいできてい
るでしょうか

もんだい2 （1）8こ

（2）（５）cm・・・（４）本

（７）cm・・・（４）本

（９）cm・・・（４）本

※５・７・９のじゅん番は、ちがっていても

正かいです。

ねん土玉＝ちょう点、
竹ひご＝へん
と考えることができたで
しょうか

ねん土玉はちょう点、竹ひごはへんをあらわしていますね。

（1）ねん土玉はちょう点の数と同じ、8こひつようです。

（2）同じ長さの竹ひご（へん）が4本ずつありますね。

むかい合う3組のめんのうち、1組が正方形のはこができますね。

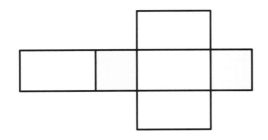

頭の中で、組み立ててみましょう！

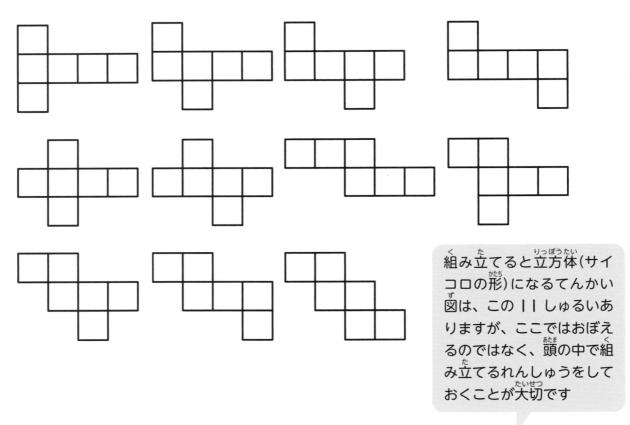

組み立てると立方体（サイコロの形）になるてんかい図は、この11しゅるいありますが、ここではおぼえるのではなく、頭の中で組み立てるれんしゅうをしておくことが大切です

1 (1) ⑥　　(2) あ、け　　(3) かき

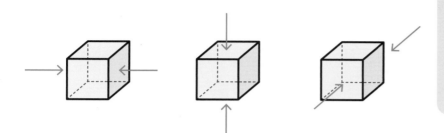

もんだい4 と同じように、頭の中で組み立てるれんしゅうです。わかりづらい場合はてんかい図を作って、じっさいに組み立ててたしかめてもいいですね

(1) 組み立てたときにむかい合うのは、上のようなめんです。頭の中で組み立てて、②とむかい合うめんをさがしてみましょう。

(2) 「け」のちょう点とくっつくことはすぐにわかりますが、もう1つあることに気づきましたか？

(3) がんばって頭の中で組み立ててみましょう。

2 ピキくん　う　　めぐみさん　え　　にゃんたろうくん　い

ピキくん：1組（2まい）のめんだけが正方形なのは「う」ですね。

めぐみさん：上から見るとまるく見えるのは「え」だけです。

にゃんたろうくん：どのはこも上下にめんが2まいあります。立っているめんの数が3まいの「い」だと、ぜんぶで5まいになりますね。

考える力をのばす問題 ⑪

もんだい1

つぎの図をま上から、正めんから、まよこから見たとき、それぞれ正方形のめんは何こ見えますか。

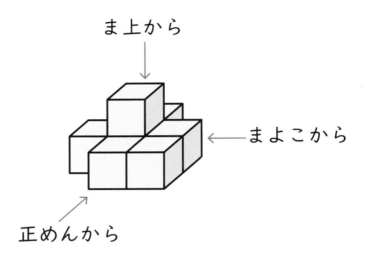

ま上から

まよこから

正めんから

答え：ま上から　　　　　正めんから　　　　　まよこから

もんだい2

つぎの図を見て、もんだいに答えましょう。

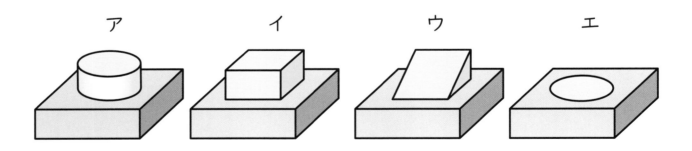

ア　　　　　　イ　　　　　　ウ　　　　　　エ

（1）アとエは、どのむきから見ると同じに見えますか。正しいほうのばんごうを答えましょう。

　　1　ま上から　　　2　正めんから

答え：

(2) アとイとウは、どのむきから見ると同じに見えますか。正しい
ほうのばんごうを答えましょう。

　　|　ま上から　　　2　正めんから

答え：
_____

(3) イとウを見分けるためには、どのむきから見るとよいですか。
正しいほうのばんごうを答えましょう。

　　|　ま上から　　　2　まよこから

答え：
_____

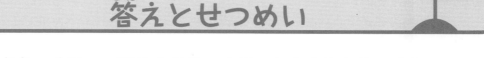

小2⑪　　答えとせつめい

もんだい1　ま上から　6こ　　正めんから　4こ　　まよこから　4こ

ま上、正めん、まよこから見ると、それぞれつぎのように見えますね。

　　　　ま上から　　　　　正めんから　　　まよこから

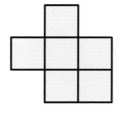　　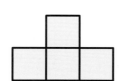　　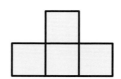

もんだい2　（I）|　　（2）2　　（3）2

それぞれの図をま上、正めん、まよこから見たときのようすがわかりましたか？

（I） アとエをま上
から見ると、
下の図のよう
に見えます。

（2） アとイとウを正め
んから見ると、下
の図のように見え
ます。

（3） イとウをまよこから
見ると、それぞれ下
の図のように見えま
すね。

　　　　　　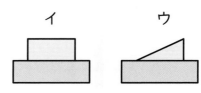

かさ

～かさのたんいとしくみをりかいしよう～

れいだい1 ピキくん、めぐみさん、にゃんたろうくんがもっている牛にゅうのりょうについて答えましょう。

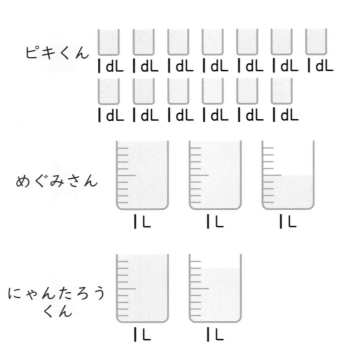

(1) いちばん多くもっているのはだれで、どれだけもっていますか。

(2) めぐみさんはにゃんたろうくんより、どれだけ多くもっていますか。

せつめい

1L（リットル）＝10dL（デシリットル）ですから、ピキくんは13dL＝1L3dL、めぐみさんは2L5dL、にゃんたろうくんは1L8dLもっていますね。

(2)【しき】2L5dL － 1L8dL ＝ 7dL

答え：(1)めぐみさん　2L5dL　　(2)7dL

おうちの方へ

1L ＝ 10dL ということがしっかり腑に落ちているか、お子さんをよく観察してあげてください。

れいだい 2 れいぞうこのペットボトルから、ひろ子さんは 5dL、まゆみさんは 300mL お茶をのみました。

(1) 2人合わせて、何 dL のお茶をのみましたか。

(2) ペットボトルには、はじめ 2L のお茶が入っていました。 2人がのんだ後ののこりは何 dL ですか。

せつめい

L、dL、mL（ミリリットル）のかんけいを正しくおぼえておきましょう。

1L ＝ 10dL ＝ 1000mL

1dL ＝ 100mL

ですね。

(1) 300mL ＝ 3dL です。

【しき】 **5 ＋ 3 ＝ 8**

(2) 2L ＝ 20dL です。

【しき】 **20 － 8 ＝ 12**

答え： (1) **8dL**　　(2) **12dL**

おうちの方へ

L、dL、mL の関係を正しく理解しておくことが大切です。ペットボトルや牛乳パックなど、身近なものの中身のかさを確認してみてもいいですね。

もんだい1 バケツ、せんめんき、水そう1ぱい分の水のかさをはかりました。

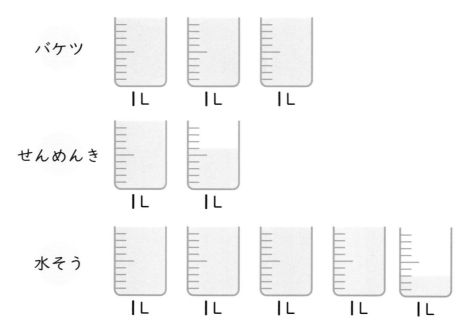

(1) バケツ1ぱいぶんのかさは、せんめんき1ぱい分のかさより何L何dL多いですか。

答え: _____

(2) からの水そうに、バケツ1ぱい分とせんめんき1ぱい分の水を入れると、水はあふれますか、あふれませんか。

答え: _____

もんだい2 水とうのお茶を300mLのんだら、800mLのこりました。はじめ、水とうにはどれだけお茶が入っていましたか。

【しき】

答え: _____

もんだい3 3つのコップに、同じ高さまでジュースが入っています。ジュースのかさが多いじゅんにならべましょう。

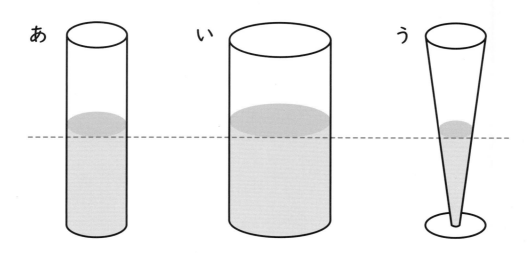

あ　　　　い　　　　う

答え：_____

もんだい4 L・dL・mL のうち、あてはまるものを（　　　）に書きましょう。

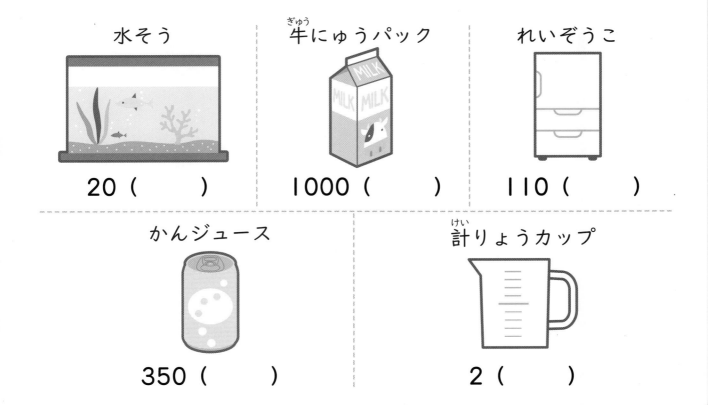

水そう
20 （　　　）

牛にゅうパック
1000 （　　　）

れいぞうこ
110 （　　　）

かんジュース
350 （　　　）

計りょうカップ
2 （　　　）

1 たん生日パーティーにあつまる友だちに、ジュースをじゅんびします。1人 3dL ずつ、12人分で何 L 何 dL になりますか。

【しき】

答え：＿＿＿＿＿＿＿

2 水そうに、そこから 10cm のふかさまで水を入れました。これについて、もんだいに答えましょう。

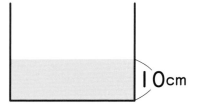

(1) 図のように、石でできたおもりを立てて水そうに入れました。水のふかさはどうなったでしょうか。つぎからえらびましょう。

ア　はじめよりあさくなった
イ　はじめと同じ
ウ　はじめよりふかくなった

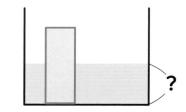

答え：＿＿＿＿＿＿＿

(2) (1) のおもりをよこにして、水にしずめました。水のふかさはどうなったでしょうか。つぎからえらびましょう。

ア　(1) よりあさくなった
イ　(1) と同じ
ウ　(1) よりふかくなった

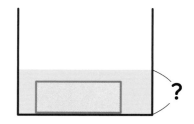

答え：＿＿＿＿＿＿＿

確認問題（かくにんもんだい）

もんだい1 （1）1L4dL 　　（2）あふれる

それぞれのかさは、バケツが3L、

せんめんきが1L6dL、水そうが4L3dL ですね。

（1）3L から1L くり下げて、
2L10dL として計算すれば
いいですね

（1）【しき】 3L − 1L6dL = 1L4dL

（2）【しき】 3L + 1L6dL = 4L6dL

　　　水そうのかさは 4L3dL なので、水が 3dL あふれます。

もんだい2 1100mL（1L100mL）

図のように、300mL のんで 800mL のこったので、たせばいいですね。

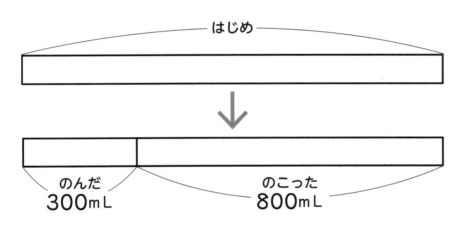

はじめ

のんだ
300mL

のこった
800mL

わからないときは、
テープ図をかくなど
できているでしょう
か？

【しき】 300mL + 800mL = 1100mL

もんだい3 い、あ、う

水の高さは同じですが、コップのそこが広いものほど多くジュースが入っています。う はそこが小さくなっていて、いちばん少なくなっています。

コップのていめんの大きさや形からはんだんできましたか?

もんだい4

水そう	20（L）
牛にゅうパック	1000（mL）
れいぞうこ	110（L）
かんジュース	350（mL）
計りょうカップ	2（dL）

牛にゅうパック、計りょうカップやれいぞうこは、おうちにもありますね。ぜひかくにんしてみましょう。

1カップ＝200mL や牛にゅうパック＝1000mL などはすぐにたしかめられそうですね。れいぞうこは本体やとりあつかいせつ明書でようりょうがたしかめられます。ぜひおうちの人とかくにんしてみてください

練習問題 •••

1 3L6dL

1人3dL ずつ12人分ですから、3×12 ですが、10人分と2人分にわけて考えてもいいですね。

【しき】 3×12＝36　または　3×10＝30　3×2＝6　30＋6＝36
　　　　36dL＝3L6dL

2 （1）ウ　（2）ウ

（1）おふろにおゆをいっぱいに入れて入ると、おゆがあふれますね。人が入ったぶん、
　　おゆがふえたのと同じで水めんが上がるからです。

同じように石のおもりが入ったことで、水がふえたのと同じになり、水のふかさが

ふかくなります。

（2）（1）よりもおもりが水に入った分が多くなったので、（1）よりも水はふかくな
　　ります。

考える力をのばす問題 ⑫

もんだい1 3dL のますと、7dL のますをつかって、5dL の水をはかりとるには、図のようにしたあと、どのようにすればいいですか。番ごうをえらんでじゅん番にならべましょう（同じ番ごうを、何どえらんでもかまいません）。

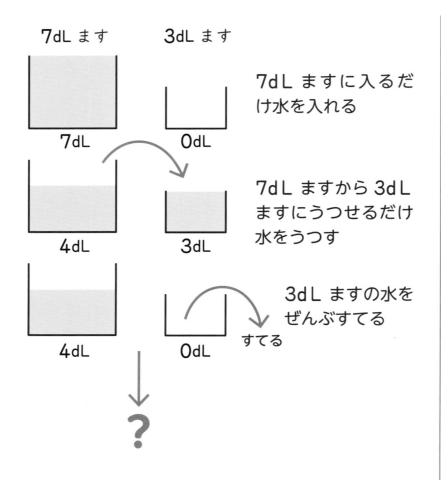

7dL ます　3dL ます

7dL

0dL

7dL ますに入るだけ水を入れる

4dL

3dL

7dL ますから 3dL ますにうつせるだけ水をうつす

4dL

0dL

すてる

3dL ますの水をぜんぶすてる

?

① 7dL ますに入るだけ水を入れる

② 3dL ますに入るだけ水を入れる

③ 7dL ますから 3dL ますにうつせるだけ水をうつす

④ 3dL ますから 7dL ますにうつせるだけ水をうつす

⑤ 7dL ますの水をぜんぶすてる

⑥ 3dL ますの水をぜんぶすてる

答え：　　　→　　　→　　　→　　　→

もんだい1 ③ → ⑥ → ③ → ① → ③

むずかしいもんだいですね。いろいろためして考えてみましょう。

つぎのようにすれば、5dL をはかりとることができます。

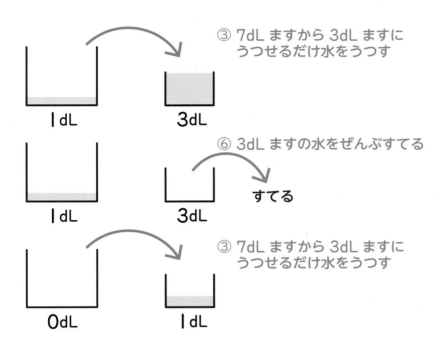

③ 7dL ますから 3dL ますに
うつせるだけ水をうつす

⑥ 3dL ますの水をぜんぶすてる

すてる

③ 7dL ますから 3dL ますに
うつせるだけ水をうつす

① 7dL ますに入るだけ水を
入れる

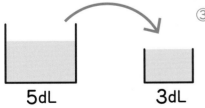

③ 7dL ますから 3dL ますに
うつせるだけ水をうつす

【おうちの方へ】
非常に丹念な「試行錯誤力」
が必要な難問です。お子さ
んと一緒にじっくりと考え
てみてください

西村則康（にしむら　のりやす）
名門指導会代表　塾ソムリエ
教育・学習指導に40年以上の経験を持つ。現在は難関私立中学・高校受験のカリスマ家庭教師であり、プロ家庭教師集団である名門指導会を主宰。「鉛筆の持ち方で成績が上がる」「勉強は勉強部屋でなくリビングで」「リビングはいつも適度に散らかしておけ」などユニークな教育法を書籍・テレビ・ラジオなどで発信中。フジテレビをはじめ、テレビ出演多数。
監修書に、「中学受験すらすら解ける魔法ワザ」シリーズ（全8冊）、著書に、「つまずきをなくす算数・計算」シリーズ（全7冊）、「つまずきをなくす算数・図形」シリーズ（全3冊）、「つまずきをなくす算数・文章題」シリーズ（全6冊）、「つまずきをなくす算数・全分野基礎からていねいに」シリーズ（全2冊）のほか、『自分から勉強する子の育て方』『勉強ができる子になる「1日10分」家庭の習慣』『中学受験の常識 ウソ？ホント？』（以上、実務教育出版）などがある。

辻義夫（つじ　よしお）
名門指導会　副代表。
浜学園の講師を経て2000年、一人ひとりに合わせたオーダーメイド授業を行う個別指導教室「SS-1」を設立、副代表を15年間務めた。小学生の算数、理科の教育に携わること30年を数える。
理数系教科の勉強で困っている子どものつまずきを見抜き、「わくわく系」と称される授業で「知らない間に算数、理科の勉強を好きにさせる」。また「カレーライスの法則」「ステッカー法」などユニークな解法をあみ出す名人でもある。
親子で参加できる、プラネタリウムを使った「天球授業」を展開するなど、近年はお父さん、お母さんも巻き込み、より多くの子どもたちに理数系教科の勉強の面白さを伝える活動を行っている。
現在も多くの雑誌、さまざまなネットメディアで情報を発信し続けている。
著書に、「中学受験すらすら解ける魔法ワザ理科・計算問題／知識思考問題／表とグラフ問題／合否を分ける40問と超要点整理」（以上、実務教育出版）がある。

装丁／西垂水敦（krran）
カバーイラスト／umao
本文デザイン・DTP／草水美鶴

今すぐ始める中学受験　小2　算数

2023年11月10日　初版第1刷発行

監修者　西村則康
著　者　辻義夫
発行者　小山隆之
発行所　株式会社 実務教育出版
　　　　〒163-8671　東京都新宿区新宿 1-1-12
　　　　電話　03-3355-1812（編集）　03-3355-1951（販売）
　　　　振替　00160-0-78270

印刷／文化カラー印刷　製本／東京美術紙工